從起針開始學鉤織

簡單明瞭的
插圖

大幅
照片解說

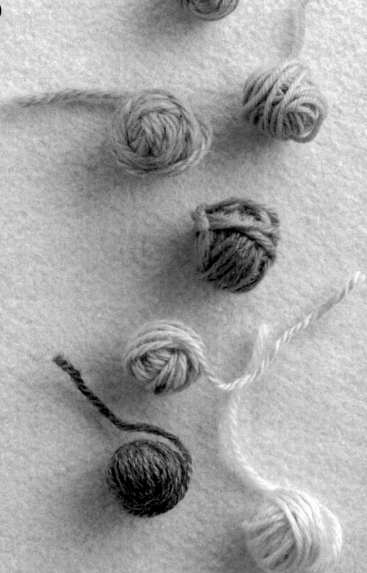

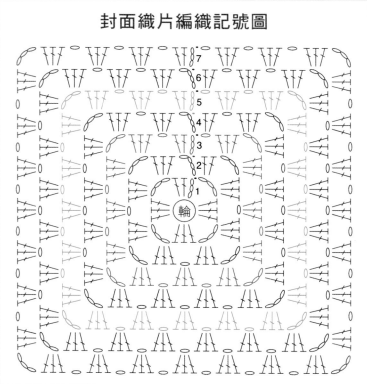

封面織片編織記號圖

鬆軟的毛線襪‧
保暖的造型圍巾‧
色彩豐富的卡哇伊毛線小物……
每一種都好想要擁有!

詳盡的圖文教學,
讓原本望之卻步的編織,
也變得簡單易上手,
快拿起鉤針與毛線從起針開始體會編織的樂趣吧!

CONTENTS

第 5 章　各種針法的編織習作

<table>
<tr><td>P.66</td><td>○</td><td>鎖針</td></tr>
<tr><td>P.67</td><td>●</td><td>引拔針</td></tr>
<tr><td>P.68</td><td>✕</td><td>短針</td></tr>
<tr><td>P.69</td><td>✕</td><td>短針的筋編</td></tr>
<tr><td>P.70</td><td>✕</td><td>短針的畝編</td></tr>
<tr><td>P.71</td><td>✕̃</td><td>逆短針</td></tr>
<tr><td>P.72</td><td>T</td><td>中長針</td></tr>
<tr><td>P.73</td><td>Ŧ</td><td>長針</td></tr>
<tr><td>P.74</td><td>Ŧ</td><td>長長針</td></tr>
<tr><td>P.75</td><td>Ŧ</td><td>三卷長針</td></tr>
<tr><td>P.76</td><td>∨</td><td>2 短針加針</td></tr>
<tr><td>P.76</td><td>∨</td><td>3 短針加針</td></tr>
<tr><td>P.77</td><td>V</td><td>2 中長針加針</td></tr>
<tr><td>P.77</td><td>W</td><td>3 中長針加針</td></tr>
<tr><td>P.78</td><td>V</td><td>2 長針加針</td></tr>
<tr><td>P.78</td><td>W</td><td>3 長針加針</td></tr>
<tr><td>P.79</td><td>W</td><td>5 長針加針</td></tr>
<tr><td>P.79</td><td>★松針圖樣</td><td></td></tr>
<tr><td>P.80</td><td>⋏</td><td>2 短針併針</td></tr>
<tr><td>P.80</td><td>⋏</td><td>3 短針併針</td></tr>
</table>

<table>
<tr><td>P.81</td><td>∧</td><td>2 中長針併針</td></tr>
<tr><td>P.81</td><td>∧</td><td>3 中長針併針</td></tr>
<tr><td>P.82</td><td>A</td><td>2 長針併針</td></tr>
<tr><td>P.82</td><td>A</td><td>3 長針併針</td></tr>
<tr><td>P.83</td><td>✕</td><td>1 長針交叉</td></tr>
<tr><td>P.84</td><td>◊</td><td>3 中長針的玉針</td></tr>
<tr><td>P.85</td><td>★「分開針目後鉤入」&「挑束鉤入」</td><td></td></tr>
<tr><td>P.86</td><td>◊</td><td>3 長針的玉針</td></tr>
<tr><td>P.87</td><td>◊</td><td>3 中長針的玉針變化款</td></tr>
<tr><td>P.88</td><td>⬤</td><td>5 長針的爆米花編（popcorn）</td></tr>
<tr><td>P.89</td><td>ꝗ</td><td>表引短針</td></tr>
<tr><td>P.90</td><td>ꝗ</td><td>裡引短針</td></tr>
<tr><td>P.91</td><td>Ꞩ</td><td>表引中長針</td></tr>
<tr><td>P.92</td><td>Ꞩ</td><td>裡引中長針</td></tr>
<tr><td>P.93</td><td>Ꞩ</td><td>表引長針</td></tr>
<tr><td>P.94</td><td>Ꞩ</td><td>裡引長針</td></tr>
<tr><td>P.95</td><td>⋈</td><td>短針環編（ring）</td></tr>
<tr><td>P.96</td><td>◑</td><td>結粒針（picot）</td></tr>
</table>

第 1 章
準備篇

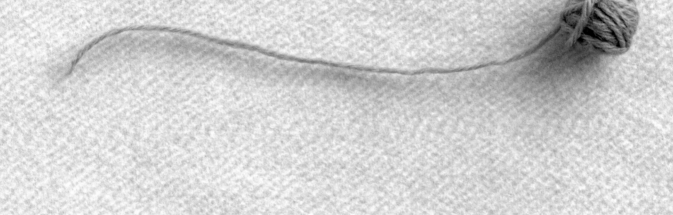

鉤針 & 工具

在開始鉤織之前,先準備好工具吧!
鉤針當然是最重要的小幫手,還有其他幾項必備的器材,
由於各有其用途,請依自己的需求來添購。

鉤針種類

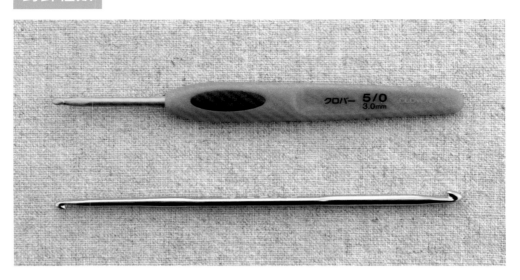

鉤針,就是末端有鉤狀的針,僅有一邊帶鉤的是「單頭鉤針」(圖上),兩邊都有帶鉤的則是「雙頭鉤針」(圖下)。鉤針有竹製、塑膠製、輕金屬製等多種材質,請選擇拿起來最順手的來使用吧!

鉤針尺寸

鉤針尺寸是以號碼來表示,從2/0號至10/0號均有(數字越大,鉤針越粗)。選擇線材時,也要記得考慮搭配的鉤針尺寸喔!
※比10/0號還粗的稱為「特大號鉤針(jumbo鉤針)」,如下表,特大號鉤針並不是以號碼表示尺寸,而是以mm(釐米)標記。

號碼	針軸尺寸(mm)	鉤針(原寸大小)	號碼	針軸尺寸(mm)	鉤針(7mm～12mm 為實物大小)
2/0	2.0		特大號 7mm	7.0	
3/0	2.3		特大號 8mm	8.0	
4/0	2.5		特大號 10mm	10.0	
5/0	3.0		特大號 10mm	10.0	
6/0	3.5		特大號 12mm	12.0	
7/0	4.0		特大號 12mm	12.0	
7.5/0	4.5		特大號 15mm	15.0	
8/0	5.0		特大號 15mm	15.0	
9/0	5.5		特大號 20mm	20.0	
10/0	6.0		特大號 20mm	20.0	

針軸尺寸 = 指的是這一段長度。

便利的工具

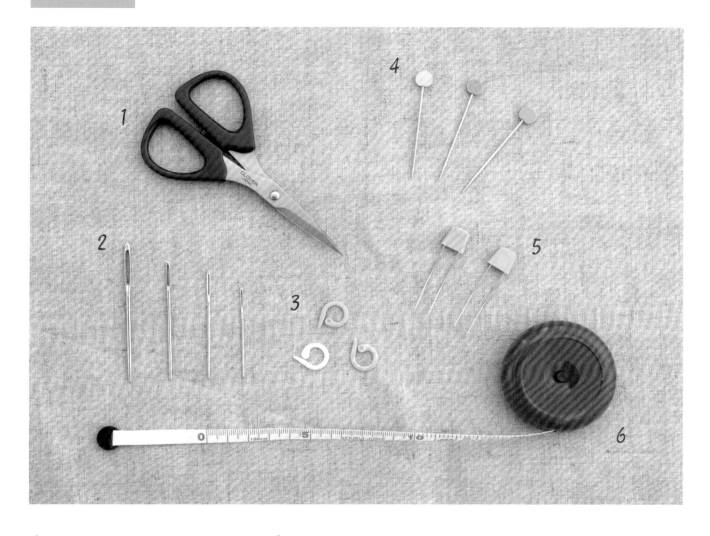

1 剪刀
剪斷線材時使用。

2 縫衣針
選用毛線專用縫衣針,末端呈圓球狀,針孔稍大。在進行併縫、綴縫時使用。由於尺寸多元,請選擇適合線材粗細的縫衣針。

3 段數環
進行鉤織時,利用段數環勾住針目,就不需要多次重複計算段數了,非常方便。

4 鉤織專用珠針
選用較長、末端呈圓球狀的鉤織專用珠針,可在組裝袖子等作業時使用。

5 鉤織專用別針
將織片固定在燙馬時使用,由於末端彎曲,可使熨整較順利。

6 捲尺
測量織片及標準規格(gauge)時使用。

關於線材

鉤織專用的線材，有各式各樣的素材、形態及粗細。
即使是相同的作品，只需要更換線材進行鉤織，就能讓作品展現截然不同的風貌喔！

線材種類

市售的線材有多種線捲形態，在此介紹代表性的兩種線捲。

1 麻花線捲

最常見的形態。使用前，要從內側將線材末端抽出。

2 甜甜圈線捲

材質柔軟的線材，大多呈甜甜圈線捲狀。使用前，要先將標籤拆下。

認識線材標籤

線材的標籤上，記載著各式各樣的資訊，可以作為選擇線材時的參考。
若想多買一些線材保存，這些標籤資訊也十分方便喔！

標註線材的製成素材。依據素材的不同，也分有夏天和冬天專用。

羊毛 ……100%

棒針 5～6號
鉤針 5/0號

該線材最適合搭配使用的鉤針或棒針號碼。

40g（線長約120m）

一球毛線的重量及總長度。

棒針 23目・28段
鉤針 21目・10段

利用上述鉤針鉤織完成後，10c見方圖樣的標準針數及段數。

色號　101
批號　A

色號及批號（lot number）

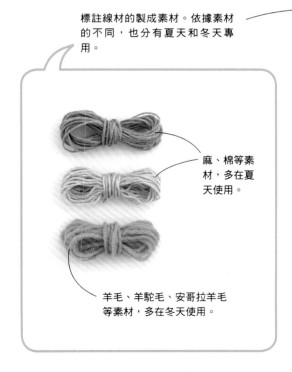

麻、棉等素材，多在夏天使用。

羊毛、羊駝毛、安哥拉羊毛等素材，多在冬天使用。

洗滌或熨整時的注意事項。

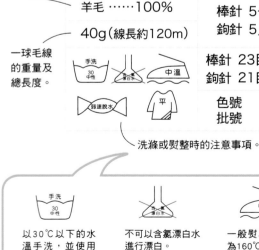

以30℃以下的水溫手洗，並使用中性清潔劑。

不可以含氯漂白水進行漂白。

一般熨斗的最高溫為160℃，在熨整時應調至中溫（140～160℃），並且墊上其他布料再進行。

必須以手輕輕擰乾毛料，利用洗衣機洗滌時，則是以弱速進行脫水較佳。

應平放陰乾。

※批號指的是染線時使用的容器號碼，即使色號相同，批號不同，線材的顏色有時也會有些微的差異。在選購時，要特別注意喔！

線材粗細

線材可分為各種不同的粗細，使用的線材越細，鉤織出來的針目不但細緻，作品也較薄；線材越粗，針目則較粗，作品則較厚。

※雖然本單元提供讀者認識線材的粗細，但實際如下圖標註、販售的線材並不多見，依製造廠商不同，線材也有些微的差異，在選購線材時，請依照線材標籤上的資訊，以適合鉤針的尺寸為基準喔！

（中細）
中 細

（合太）
普 通

（並太）
粗

（極太）
極 粗

（超極太）
特極粗

※本圖為實物大小。

線材形態　即使由相同素材製成，線材也會因捻合方法而展現不同的風格。

直線紗
捻合方法及粗細都維持一定，鉤織成品也能維持相同的厚度。由於粗細及色彩多樣，無論是用來鉤織細小花樣或另外鉤入圖案，都相當適合。

斯拉夫紗
線材有部分粗細不一，使用這種線材來鉤織，依針目的大小，能作出充滿變化的織片。

毛皮紗
帶有長長的毛鬚，能夠鉤織出像毛皮般的作品。

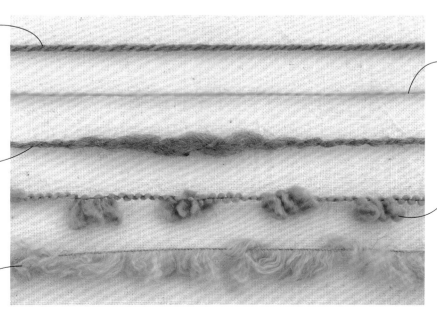

毛海
帶有長長的毛鬚，能夠鉤織出柔和、鬆軟的作品。

線圈紗
由於線材表面帶有不規則的線圈，能夠鉤織成形狀不規則，如同布料一般的織片。

如何取出線材末端

開始進行鉤織時，若從外側取線，容易讓毛線球滾動，不利於作業，因此要從毛線球的內側開始取線。

● 麻花線捲取線

1

手指伸入毛線球中。

2

捏住位於毛線球中的線端，往外抽出。若找不到線端，如上圖，直接取出一小團線材也可以。

3

從取出的線團中找出線端，再開始使用即可。

● 甜甜圈線捲取線

1

先拆下標籤紙。

2

手指伸入毛線球中。

3

捏住位於毛線球中的線端，往外抽出即可。

第 2 章

鉤織基礎知識

關於織片

在本單元中，將會以基本的織片，介紹各個部位的名稱及針目。
作品集裡也會出現許多相關的專有名詞，請好好地記住喔！

各部位名稱

※本圖是以長針鉤織的情況來說明。

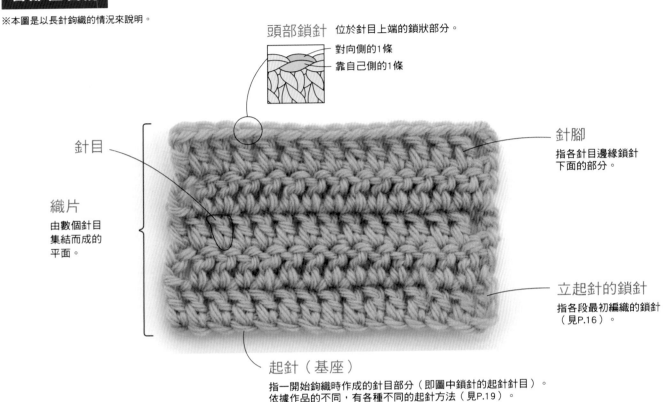

頭部鎖針　位於針目上端的鎖狀部分。
└ 對向側的1條
└ 靠自己側的1條

針目

織片
由數個針目
集結而成的
平面。

針腳
指各針目邊緣鎖針
下面的部分。

立起針的鎖針
指各段最初編織的鎖針
（見P.16）。

起針（基座）
指一開始鉤織時作成的針目部分（即圖中鎖針的起針針目）。
依據作品的不同，有各種不同的起針方法（見P.19）。

1針・1段等名詞解釋　請記得這些針目的狀態，才可以正確地計算針數及段數喔！

● 平編的情況

短針
← 反面針目的1針1段
← 正面針目的1針1段

長針
← 反面針目的1針1段
← 正面針目的1針1段

● 環編的情況

短針
← 1針1段

長針
← 1針1段

針數&段數的數法

● 平編的情況

短針

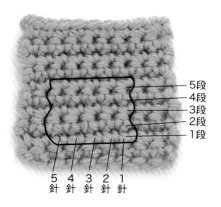

5段
4段
3段
2段
1段

5針 4針 3針 2針 1針

長針

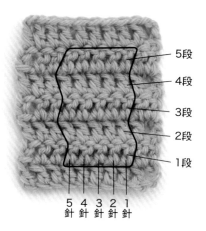

5段
4段
3段
2段
1段

5針 4針 3針 2針 1針

● 環編的情況

短針

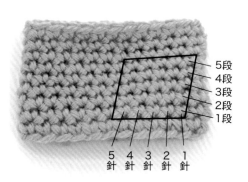

5段
4段
3段
2段
1段

5針 4針 3針 2針 1針

長針

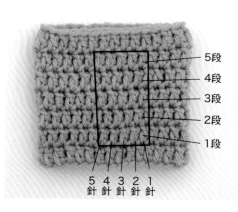

5段
4段
3段
2段
1段

5針 4針 3針 2針 1針

★關於鉤織標準規格（gauge）

「鉤織標準規格（gauge）」指的是織片密度，也就是10cm見方的織片所含的針數及段數。

由於在進行鉤織時，織片密度會因為每個人的手法如繞線的鬆緊度而不同，即使是使用了指定的線材及鉤針，鉤織出來的成品也將不盡相同。

如果想要讓作品完全符合指定的尺寸，請務必先試鉤幾針、測量織片密度，再調整鉤針尺寸，使織片能夠符合指定的標準規格。若針數‧段數較標準規格多（針目較密實），就改用較粗的針；若針數‧段數較標準規格少（針目較鬆），就改用較細的針，以此進行調整。

針數

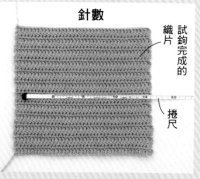

試鉤完成的織片
捲尺

將捲尺（或直尺）橫放在試鉤完成的織片上，計算10cm寬度的針數。

段數

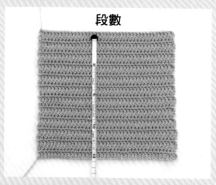

將捲尺（或直尺）直放在試鉤完成的織片上，計算10cm寬度的段數。

※由於靠近織片邊緣的部分，其針目大小無法完全一致，因此建議將試編的織片鉤成20cm²的大小，再測量中央10cm²的部分較佳。

認識編織記號圖

在一般鉤織書中，這些都是常見的作品編織記號圖。
請透過範例，記住記號圖的閱讀方法吧！

編織記號圖

利用針目記號來表現織片的圖樣，就稱為「編織記號圖」。編織記號圖通常表示「從正面看的織片狀態」。

※常用的針目記號＆針法，詳見第5章。

立起針的鎖針

這裡是起針。
在此進行鎖針
的起針。

橫向為針目。

表示鉤織進行方向的箭頭記號。若在箭頭往左（←）的段上，要看著織片的正面進行鉤織；若在箭頭往右（→）的段上，要看著織片的反面進行鉤織。

直向為段。
段數要從下往上計算。

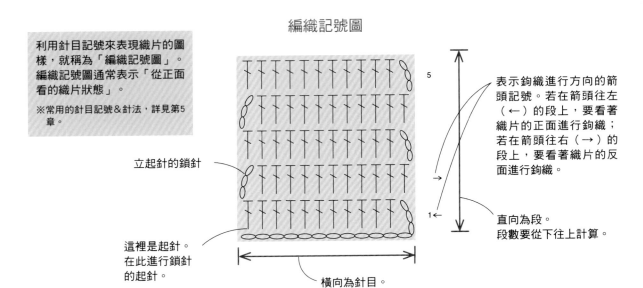

★織片的正面＆反面

　　雖然編織記號圖上的記號是「從正面看的織片狀態」，但在進行鉤織時，記號針法是正、反兩面相同的（唯一的例外，是在進行表裡引針和爆米花編時，正、反兩面的針法將有所改變）。因此，每完成一排織段、就要將織片翻至正面或反面鉤織的「平編」，以及持續看著織片正面鉤織的「環編」，其針目外觀就不一樣。

平編	環編	
	正面	反面

正面
反面
正面
反面
正面

全段·正面

全段·反面

進行平編時，由於每完成一排織段，就要將織片翻至正面或反面鉤織，因此相鄰的織段，正面針目及反面針目會排列在一起。

進行環編時，由於是持續看著織片正面進行鉤織，因此僅有正面針目（或僅有反面針目）會排列在一起。

常用織片

本單元介紹鉤織時常用的織片。

短針織片

連續以短針技巧鉤織，將會累積針目，使織片成為厚實而較硬的作品。

編織記號圖

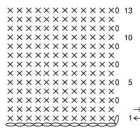

長針織片

由於長針帶有高度，能讓鉤織的速度較快。比起短針織片，長針的織片較薄也較軟。

編織記號圖

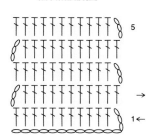

方格編織片

利用鎖針及長針等方法鉤織，使織片如同方格一般的技巧，稱為「方格編」。進行方格編時，每完成一個方格編，都可以改變鎖針針數，或是加入長針來替代鎖針，透過這些方法，將能讓作品展現各式各樣不同的表情！

編織記號圖

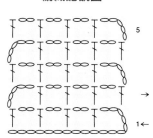

網狀編織片

由於織片呈網狀，因此稱為「網狀編」，是以鎖針及短針重複鉤織而成，十分簡單。能夠自由伸展，也很容易變形，是這種織片的一大特徵。

編織記號圖

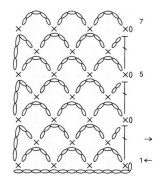

松針圖樣織片

在同一針目內，鉤入數針長針組合鉤織而成，由於看起來就像松樹的針葉，因此稱為「松針」。

編織記號圖

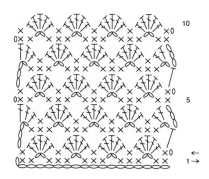

13

平編&環編

若每完成橫向的一排織段，就要翻向另一面，更改鉤織的行進方向，就稱為「平編」；
若只在織片的同一面上進行鉤織，就稱為「環編」。

平編 每完成一段鉤織，就要將織片翻至反面繼續進行，如此正、反面交互鉤織。
編織記號圖上表示鉤織方向的箭頭記號，與織段呈相反方向。

編織記號圖

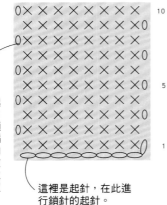

10

5

1 ←

立起針的鎖針
在每一段的起
點，都要鉤入1
針立起針的鎖
針。進行平編
時，每完成橫向
的一段，就要改
變鉤織方向，立
起針鎖針的位置
也會左右更換。

這裡是起針，在此進
行鎖針的起針。

表示鉤織方向的箭頭。進
行來回鉤織時，與織段呈
相反方向。
←＝看著正面鉤織的織段
→＝看著反面鉤織的織段

由下往上，持
續進行鉤織。

鉤織記號順序

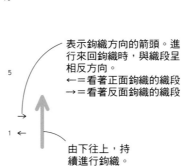
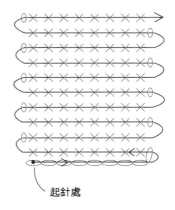

起針處

14

環編 毋需將織片翻至反面，以相同方向的織段持續進行鉤織。
編織記號圖上表示鉤織方向的箭頭，與織段呈相同方向。

● 鉤織圓形織片

編織記號圖

從中心往外圍，持續進行鉤織。

每一織段鉤織到最後，都要利用引拔針來連接該段起針處的針目，接著再鉤入下一段的立起針鎖針。

⎯輪⎯

這裡是起針，在此鉤出輪狀起針的針目。

※在編織圓形織片的情況下，編織記號圖上通常沒有表示鉤織方向的箭頭。若作法中沒有特別指定，只需看著每段的正面進行鉤織即可。

鉤織記號順序

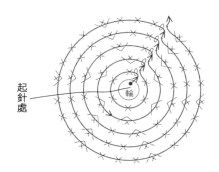

起針處

● 鉤織成圓筒織片

編織記號圖

每一織段鉤織到最後，都要利用引拔針，連接該段起針處的針目，接著再鉤入下一段的立起針鎖針。

9

5

1 ←

表示鉤織方向的箭頭記號。在編織圓筒織片的情況時，與織段呈相同方向。

由下往上，持續進行鉤織。

這裡是起針，在此進行鎖針的起針。

鉤完必要針數的起針針目後，就利用引拔針，連接該段起針處的針目，使其成為環狀。

鉤織記號順序

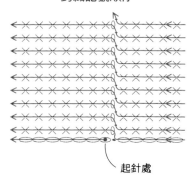

起針處

立起針的鎖針

在每一織段的起針處上，鉤織了與該織段針目高度相同的鎖針，這樣的鎖針就稱為「立起針的鎖針」。
根據針目的不同，立起針的鎖針數量也會有所改變。

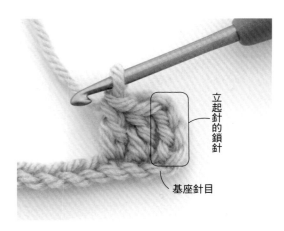

立起針的鎖針

基座針目

什麼是基座針目？

鉤織時，除了短針之外，遇到立起針的鎖針，必須要多鉤入1針，這樣的1針就稱為「基座針目」。

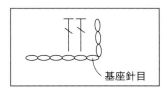

基座針目

各種針目的立起針對應的鎖針針數

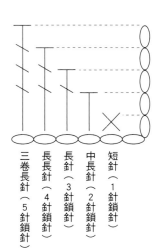

三卷長針（5針鎖針）　長長針（4針鎖針）　長針（3針鎖針）　中長針（2針鎖針）　短針（1針鎖針）

※基本上，立起針的鎖針都要作為織段最初的1針計算入針數內。
（但由於短針的立起針無法以1針計算，因此必須將短針也鉤入基座的針目中。）

● 短針

1針

立起針
鎖針1針

● 中長針

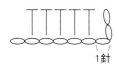

1針

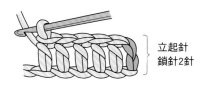

立起針
鎖針2針

● 長針

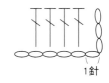

1針

立起針
鎖針3針

● 長長針

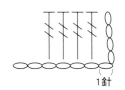

1針

立起針
鎖針4針

16

第 3 章
開始鉤織

掛線方法&鉤針拿法

在開始鉤織之前，請先學會正確的掛線方法及鉤針拿法喔！

如圖，在左手上掛線。先以右手拿著線端，再從左手手背那一側，將線材放入小指及無名指之間。

將線材從中指及食指的指縫間，往手背那一側穿出。

將線掛在食指上，再將線端往手心方向拉。

如圖伸直食指，以大姆指及中指捏住線端。

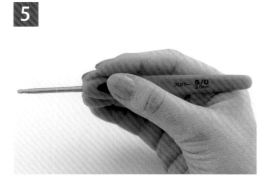

右手拿著鉤針，先以大姆指及食指握住距離針尖約4cm處，再以中指輕輕地搭在鉤針上。若掛在鉤針上的線材容易滑動，就利用中指壓住。

左手拿著織片，將鉤針放在左手大姆指及食指之間的線段上，利用右手進行鉤織。為了能順利拉出線材，左手不要太用力壓住未鉤入織片的線材。

起針&第1段編法

起針時,要先作1針「起針針目」。
起針針目主要有「鎖針起針」、「鎖針環編起針」及「輪狀起針」三種。

1 將鉤針放在線材的後方,依箭頭方向將鉤針尖轉一圈,作成一個線環。

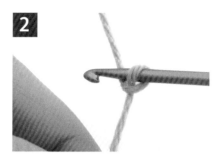

2 將線材捲在針上,成為一個線環。

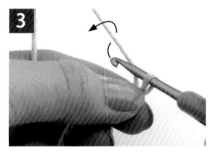

3 左手的大姆指及食指捏住線環的根部,再轉動鉤針,依箭頭方向掛線。

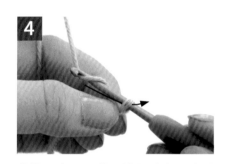

4 依箭頭方向,將已掛在針上的線材拉出。

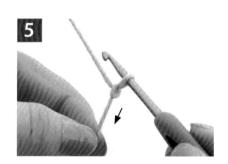

5 將線端依箭頭方向拉出,將起針的線環拉緊。

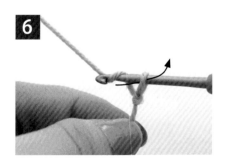

6 將線掛在鉤針上,依箭頭方向將線材引拔出來。

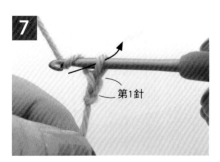

7 第1針鉤織完成。接著將線掛在鉤針上,再依箭頭方向引拔,鉤入第2針。

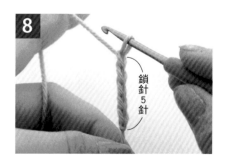

8 鉤織5針鎖針後,如圖所示。以相同的方法持續進行,鉤織所需要的針數。掛在鉤針上的線環,則不算在針數內。

19

● 第 1 段編法

平編的情況

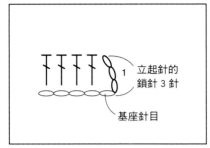

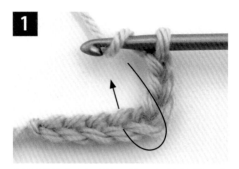

從鎖針的起針針目開始，繼續鉤織3針立起針的鎖針。接著將線掛在鉤針上，依箭頭方向將鉤針穿入，鉤入1針長針。

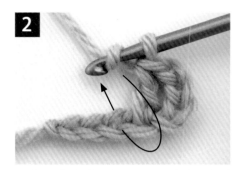

以相同方法重複進行，在起針針目的鎖針上鉤出長針。

★ 鎖針的挑針位置

從鎖針的起針針目開始挑針，鉤織成第 1 段的方法共有三種。由於作品會因挑針方法的不同，產生不同的狀態，請選擇適合的挑針方法來進行吧！

由鎖針的半針和裡山共挑 2 線	由鎖針的半針挑針	由鎖針的裡山挑針
由於挑起 2 條線，起針針目處雖會變得有些厚度，但能使鉤織成品較為穩固。這樣的方法適用於在 1 針針目上鉤入 2 針以上的織片，也適用於跳過起針針目而挑針的織片。	挑針的線十分容易找到，起針針目處也會變得較薄。這種方法適用於伸縮性較佳的織片。	由於起針針目的鎖針會排列在一起，能讓織片變得美觀。適用於稍後不作緣編的作品。
	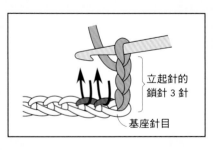	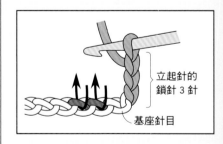

第 3 章 開始鉤織　起針&第 1 段編法（鎖針起針）・★ 鎖針的挑針位置

輪編的情況（鉤織成圓筒狀）

※ 將鎖針起針作成環狀備用。

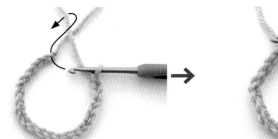

鉤出鎖針起針需要的針數，在不扭轉織片的情況下，將鉤針穿入第1針的半針及裡山，再掛線、將其引拔出來。

圖為起針針目作成環狀的狀態。

1

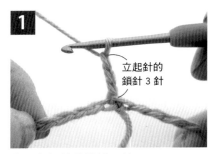

立起針的鎖針 3 針

鉤入立起針的鎖針 3 針。

2

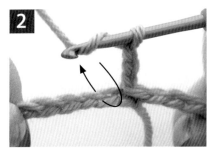

將線掛在鉤針上，依箭頭方向將鉤針穿入，再鉤出 1 針長針。（利用挑起鎖針的半針和裡山共 2 線的方法）

3

1 針長針鉤織完成。以相同方法將線掛在鉤針上，從起針針目的鎖針處將針目挑出，再繼續鉤織長針。

4

進行一圈，長針即鉤織完成。接著依箭頭方向，將鉤針穿入立起針鎖針的第 3 個針目中。

5

將線掛在鉤針上，再引拔出來。

6

如圖，完成第 1 段。

輪編的情況（鉤織成橢圓形）

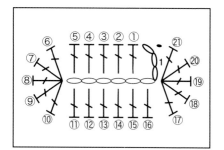

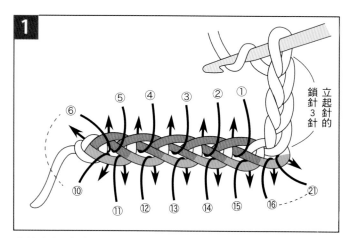

1

先鉤出起針針目需要的針數，再鉤入3針立起針的鎖針。接著將線掛在鉤針上，在起針針目上鉤織長針。（利用挑起鎖針的半針和裡山共2線的方法）

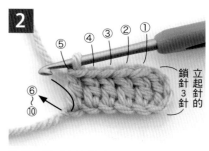

2

鉤織到起針針目的末端。接下來的5針長針，都鉤入同一個針目裡（⑥至⑩），做出側邊的半圓形。依此繼續鉤織，織片的上下側方向相反。

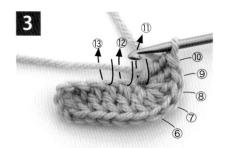

3

挑起起針針目的另1條線，另一側也鉤入長針。若起針的線端也能一起包裹鉤織，最後線材的收整將會較為輕鬆。

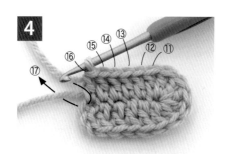

4

鉤織到起針針目的末端，接下來的5針長針，都鉤入同一個針目裡（⑰至㉑），作出另一邊的半圓形。

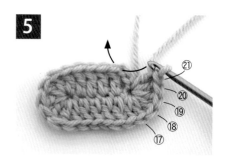

5

長針的針數部分都鉤織完成後，再將鉤針穿入立起針鎖針的第3針目中，作1針引拔針。

6

完成第1段，起針處的線端，沿著織片邊緣剪斷即可。

鎖針環編起針

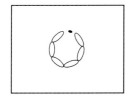

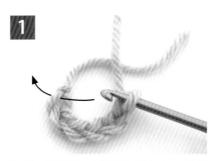

鉤織6針鎖針,再將鉤針穿入,挑起第1針鎖的半針和裡山。

將線掛在鉤針上,再引拔出來。

● 第1段編法

圖為起針針目作成環狀的狀態。

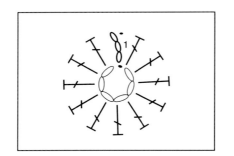

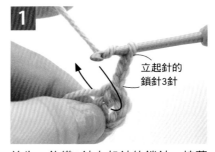

首先,鉤織3針立起針的鎖針。接著將線掛在鉤針上,再將鉤針穿入起針針目的環中,鉤入長針。若起針的線端也能一起包裹鉤織,最後線材的收整將會較為輕鬆。

立起針的鎖針3針

完成1針長針,接著將線掛在鉤針上,以相同方法將鉤針穿入,繼續鉤織接下來的10針長針。

完成需要的長針針數。將鉤針穿入立起針鎖針的第3針目中,再將鉤針掛線,作1針引拔針。

完成第1段,起針處的線端,沿著織片邊緣剪斷即可。

輪狀起針

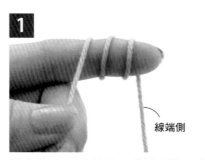

留出約10cm的線端，將線纏繞在左手食指2圈。

線端側

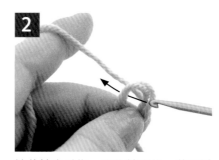

接著抽出手指，壓住線環後，將鉤針依箭頭方向穿入。

將線掛在鉤針上，再依箭頭方向將鉤針抽出。

將線掛在鉤針上，再依箭頭方向將線材引拔出來。

如圖完成輪狀起針。

● 第1段編法

鉤織1針立起針的鎖針，再依箭頭方向將鉤針穿入線環中。

立起針的鎖針1針

將線掛在鉤針上，再依箭頭方向將線材抽出。

將線掛在鉤針上，依箭頭方向將線材引拔出來，再鉤入短針。

完成1針短針。以相同方法進行，再於線環中鉤織接下來的5針短針。

完成需要的短針針數。

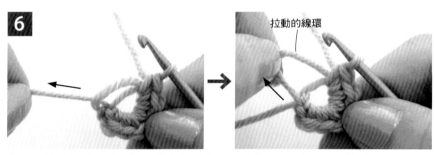

拉動的線環

輕輕地拉動線端，將起針針目上移動的線環拉鬆，另一個線環則拉緊。

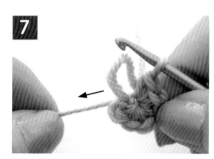

收緊其中一個線環再拉動線端，收緊剩下的線環。

收至中央的洞，不留縫隙。

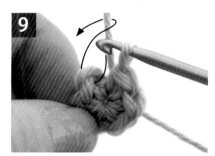

依箭頭方向將鉤針穿入，將第1針短針頭部鎖針針目上的2條線挑起。接著將線掛在鉤針上，引拔出來。

完成第1段。

從髮圈開始的第 1 段挑針方法

不鉤織起針針目，直接在髮圈等環狀物上鉤織第 1 段的方法。

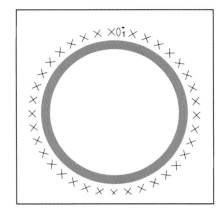

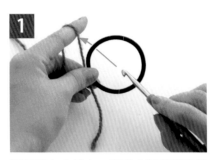

1 將線掛在左手上，同時拿著線端及髮圈，依箭頭方向，將鉤針穿入髮圈的環中。

2 將線掛在鉤針上，再依箭頭方向將線材抽出。

3 將線掛在鉤針上，再依箭頭方向將線材引拔出來。

4 左手先暫時放開線端，將線材上段依箭頭方向往左繞，掛在髮圈上後，再以左手再次拿取線端。

5 將線掛在鉤針上，鉤入1針立起針的鎖針。

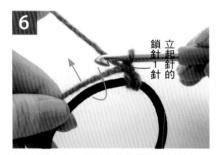

6 依箭頭方向，將針穿入髮圈的環中，有如要將髮圈及線端鉤捲起來一般，鉤入1針短針。

7 完成1針短針，以相同方法重複進行，鉤入短針。

8 鉤入需要的短針針數，如圖鉤織1圈。接著依箭頭方向將鉤針穿入，將第1針短針頭部鎖針針目上的2條線挑起，再將線掛在鉤針上，引拔出來。

9 完成第1段挑針。

★ 線材不足時的接線方法

在織片中換線	**在織片邊緣（織段變換處）換線**

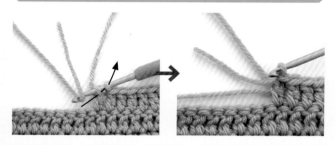

在針目完成時，要將新的線材引拔出來。不將線材打結，直接留下線端，鉤織完成後，再輕輕地打個結，藏在織片底下（見P.46），完成換線。

完成織段的最後1針時，將新的線材引拔出來。不將線材打結，直接留下線端，鉤織完成後，再將線交叉1次，藏在織片底下（見P.46），完成換線。

以「接繩結」接線

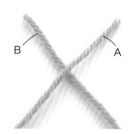

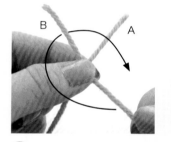

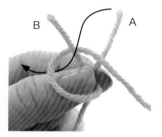

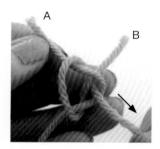

1. 將已鉤織好的線端（A）和新線端（B）如圖疊合起來。

2. 以左手捏住線材的疊合處，將B線依箭頭方向往線端側掛線。

3. 將A線端穿入步驟2作成的線環中。

4. 拉緊B線端。

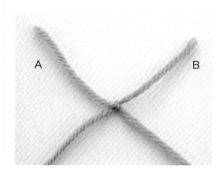

5. 完成「接繩結」。

6. 不剪斷線端，直接留下繼續進行鉤織。

7. 打結處位於織片的反面。完成鉤織後，將線端藏在織片底下（見P.46），完成換線。

第2段以後的編法

第2段以後的鉤織，若沒有特別指定，將前織段頭部的鎖針針目挑起，再鉤織即可。
由於織片邊緣的針目較不容易辨別，所以很容易遺漏挑針，要特別注意喔！

第
3
章

開
始
鉤
織

第
2
段
以
後
的
編
法

平編的情況

● 繼續鉤織下一段時的織片翻面方法

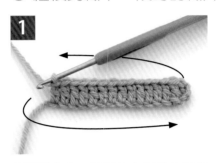

1

依箭頭方向，將織片左端往右手方向，右端則往左側方向翻轉，將織片翻至反面。

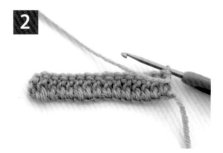

2

線材移至靠自己的一側。

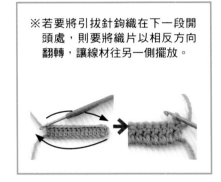

※若要將引拔針鉤織在下一段開頭處，則要將織片以相反方向翻轉，讓線材往另一側擺放。

● 短針織片

```
     ①        ②            ③
  0 ⊠ × × × × × × × ⊠   2 →
     × × × × × × × × ×     1 ←
     ⟋ ⟋ ⟋ ⟋ ⟋ ⟋ ⟋ ⟋ ⟋
```

① 立起針鎖針下一個針目的挑針方法

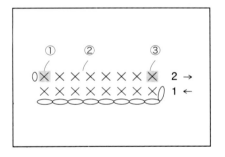

挑起前織段最後短針頭部的鎖針，再鉤入短針。

完成短針，即為該織段的第1針，再依箭頭方向將鉤針穿入，鉤入第2針的短針。

② 織段途中針目的挑針方法

挑起前織段短針頭部的鎖針，再鉤入短針。

③ 織段最後針目的挑針方法

挑起前織段第1針短針頭部的鎖針，再鉤入短針。

完成最後的針目。

● 長針織片

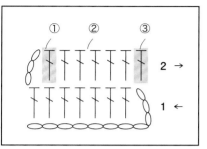

※除了短針以外的針目（如中長針、長針等），全部都以相同方法進行挑針。

① 立起針鎖針下一個針目的挑針方法

挑起前織段倒數第2針長針頭部的鎖針，再鉤入長針。

完成長針，立起針的鎖針為該織段的第1針，長針則為第2針。

② 織段途中針目的挑針方法

挑起前織段長針頭部的鎖針，再鉤入長針。

③ 織段最後針目的挑針方法

挑起前織段立起針鎖針的第3針，再鉤入長針。

第2段的情況

從反面將鉤針穿入第1段立起針鎖針的第3針目中。

第3段以後的情況

從正面將鉤針穿入前織段立起針鎖針的第3針目中。

完成最後的針目鉤織。

※如果多挑一針，或忘了挑針時⋯⋯

○ 挑針正確的狀態

織片會成直線排列。

忘了幫前織段立起針的鎖針挑起針目了！

✕ 挑針不正確的狀態

織片會變得歪斜而不整齊。

不小心將長針鉤入前織段的最後針目裡了！

環編的情況

● 短針織片

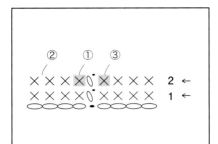

① 立起針鎖針下一個針目的挑針方法

挑起前織段第1針短針頭部的鎖針（從前織段的最後針目引拔），再鉤入短針。

鉤入短針，即為該織段的第1針。

② 織段途中針目的挑針方法

挑起前織段短針頭部的鎖針，再鉤入短針。

③ 織段最後針目的挑針方法

最後的引拔針　　　最後的短針

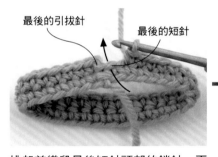

挑起前織段最後短針頭部的鎖針，再鉤入短針。注意不要挑到前織段最後鉤入的引拔針。

完成最後的針目。

● 長針織片

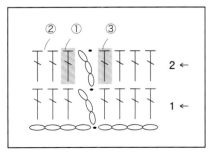

※除了短針以外的針目（如中長針、長長針等），都以相同方法進行挑針。

① 立起針鎖針下一個針目的挑針方法

挑起前織段第2針長針（第1針是立起針的鎖針）頭部的鎖針，再鉤入長針。

完成長針，立起針的鎖針為該織段的第1針，長針則為第2針。

② 織段途中針目的挑針方法

挑起前織段長針頭部的鎖針,再鉤入長針。

③ 織段最後針目的挑針方法

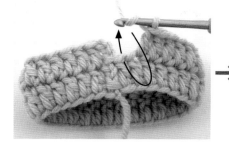

挑起前織段最後長針頭部的鎖針針目,再鉤入長針。

完成最後的針目。

★ 挑束的方法

從前織段鎖針開始挑針時,要將鉤針穿入鎖針下方,再將全部的鎖針挑起來,稱為「挑束」。
若前織段是鎖針,基本上都要進行挑束。

方格編的情況

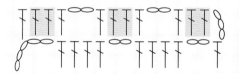

粉紅色部分的長針,要先將前織段鎖針挑束後,再進行鉤織。

將線掛在鉤針上,再將鉤針依箭頭方向穿入,鉤入長針。

完成長針,進行挑束,挑起前織段的鎖針一起鉤織。

網狀編的情況

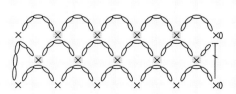

粉紅色部分的短針,要先將前織段鎖針挑束後,再進行鉤織。

將鉤針依箭頭方向穿入,再鉤入短針。

完成短針,進行挑束,挑起前織段的鎖針一起鉤織。

減針

想讓織片寬度變窄時，就減少鉤織的針數，稱為「減針」。
適合用於袖口、領圍及袖山圓弧處等。

減 1 針

無論在織片邊緣減針，或在織片中減針，
都可以使用「2針併針」。

● 短針織片

⚤ =2短針併針（見P.80）

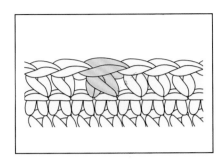

將前一織段2針的針目減去1針。

● 長針織片

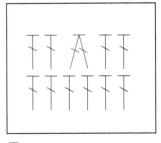

⚤ =2長針併針（見P.82）

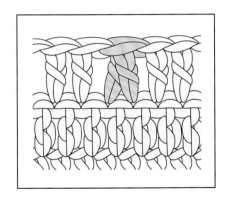

將前一織段2針的針目減去1針。

減 2 針

無論在織片邊緣減針，或在織片中減針，
都可以使用「3針併針」。

● 短針織片

⚤ =3短針併針
（見P.80）

將前一織段3針的針目減成
1針。

● 長針織片

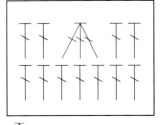

⚤ =3長針併針
（見P.82）

將前一織段3針的針目減成
1針。

在邊緣大量減針

想在織片邊緣一次減去大量針目時的方法。在織段的開始處減針，稱為「渡線」，在織段的結束處減針，稱為「留織」。本單元中以長針織片來說明。

● 在織段開始處減針（渡線）

選擇渡線的方法，能省去處理線材的麻煩。
拉過去的線，在之後的緣編進行挑針時，也可以被隱藏起來。

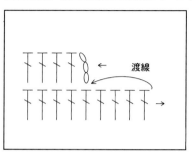

在織段開始處減4針

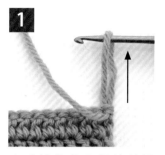

1 完成前織段全部的針目後，將掛在鉤針上的線環拉大。

2 移開鉤針，將毛線球穿入被拉大的線環中。

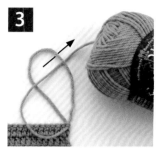

3 拉動被穿入的線材，收緊線環。

4 收緊線環後，成為針目無法解開的狀態。

5 依箭頭方向，將鉤針穿入第5個針目。

6 將線掛在鉤針上，再將線材拉出。

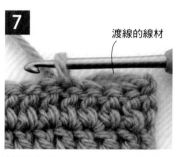

7 拉出線材後，避免拉取的線材走位或鬆脫，適度地拉動。

8 鉤入3針立起針的鎖針。

9 接下來，依照編織記號圖繼續鉤織，在織段邊緣減去4針。

● 在織段結束處減針（留織）

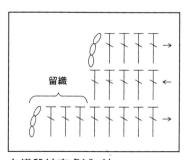

在織段結束處減4針

不鉤織織段的最後4針，將織片翻至反面後，繼續鉤織下一織段，在織段邊緣減去4針。

加針

想讓織片加寬時，就增加鉤織的針數，稱為「加針」。
適合用於袖下傾斜處，或下襬加寬的織片等。

加 1 針

無論在織片邊緣加針，或在織片中加針，
都可以使用「2針加針」。

● 短針織片

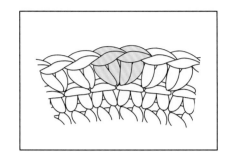

⋎ ＝2短針加針（見P.76）

將前一織段1針的針目，增加成2針。

● 長針織片

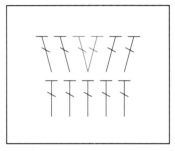

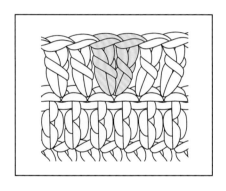

⋎ ＝2長針加針（見P.78）

將前一織段1針的針目，增加成2針。

加 2 針

無論在織片邊緣加針，或在織片中加針，
都可以使用「3針加針」。

● 短針織片

⋎ ＝3短針加針（見P.76）

將前一織段1針的針目，增加成3針。

● 長針織片

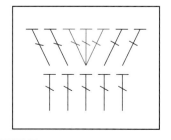

⋎ ＝3長針加針（見P.78）

將前一織段1針的針目，增加成3針。

在邊緣大量加針

想在織片邊緣一次增加大量針目時的方法。
加針共有「在前織段收針處繼續鉤出鎖針針目」及「在前織段起針處組裝別線鉤出鎖針針目」兩種方法。本單元中以長針織片來說明。

● 在前織段收針處繼續鉤出鎖針針目

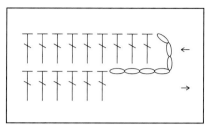

繼續增加4針

1 最後的針目鉤織完成後，繼續鉤織4針鎖針。

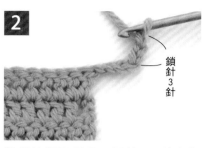

2 將織片翻至反面，再鉤入3針立起針的鎖針。

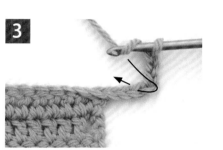

3 從鉤出的鎖針針目開始挑針，再鉤入長針。

4 從鉤出的鎖針針目開始挑針，再鉤入長針，織片邊緣增加了4針。

5 繼續將前織段的針目挑起，進行鉤織。

● 在前織段起針處組裝別線鉤出鎖針針目

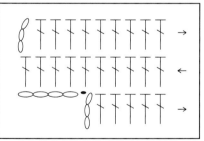

組裝別線再增加4針

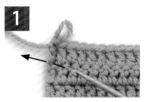

1 最後的針目鉤織完成後，先將鉤針移開，再將鉤針穿入前織段上立起針鎖針的第3針目。

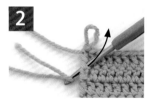

2 將別線掛在鉤針上後，將線材拉出。

3 將線掛在鉤針上，將線材引拔出來。

4 鉤入4針鎖針。

5 將線端留約5cm的長度後剪斷。接著移開鉤針，將線端穿入線環中，拉線收緊。

6 將鉤針鉤回步驟 1 的線環中，再從鉤出的鎖針針目開始挑針，鉤入長針。

7 從鉤出的鎖針針目開始挑針，再鉤入長針，織片邊緣增加了4針。

更換配色線的方法

不需要剪線就能更換線材的方法。
每隔1段或2段,就將備用的線材拉取、鉤入即可。

平編的情況

● 每隔1段就在末端更換線材

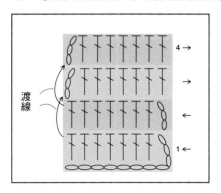

渡線

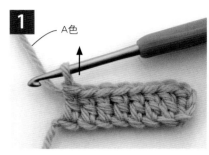

1 A色

利用A色線材鉤織完第1織段後,將掛在鉤針上的線環拉大。

2

移開鉤針,將毛線球穿入被拉大的線環中。

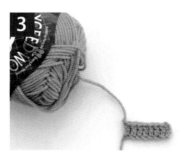

3

拉動被穿入的線材,收緊線環,成為針目無法解開的狀態。

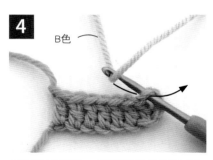

4 B色

A色線材備用。接著將鉤針穿入第1織段立起針的鎖針第3針目,拉出B色線材。

5

B色線材已被拉出。

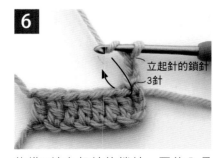

6 立起針的鎖針3針

鉤織3針立起針的鎖針,再鉤入長針。

7

繼續以長針鉤織第2織段。

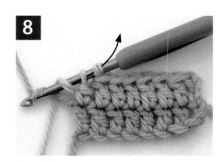

8

完成第2織段最後的長針時,引拔備用的A色線材,並將B色線材從鉤針前方往後側擺放。

※在織段最後更換線材時,為了讓備用的線材從正面看不明顯的作法,請參考右圖進行掛線。

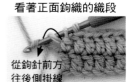
看著正面鉤織的織段
從鉤針前方往後側掛線

看著反面鉤織的織段
從鉤針後側往前方掛線

完成引拔後，要小心不讓渡線的線材走位或鬆脫，B色線材備用。

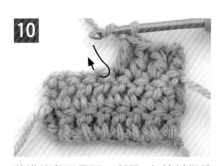

將織片翻至反面，利用A色線材繼續鉤織第3織段。

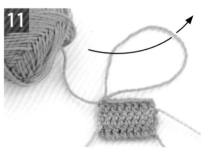

第3織段鉤織完成後，重複步驟 **1** 至 **2** 的作法，將掛在鉤針上的線環拉大，再將毛線球穿入被拉大的線環中。

拉動被穿入的線，將線環收緊。

A色線材備用。接著將鉤針穿入第3織段立起針的鎖針第3針目，拉出B色線材。

B色線材已被拉出，要小心不讓渡線的線材走位或鬆脫。

鉤織3針立起針的鎖針，繼續以長針鉤織第4織段。

完成第4織段最後的長針時，引拔備用的A色線材，並將B色線材從鉤針後側往鉤針前方掛線。

完成引拔後，重複相同作法，每隔1織段就更換其他顏色的線材，繼續鉤織。

● 每隔2段就在末端更換線材

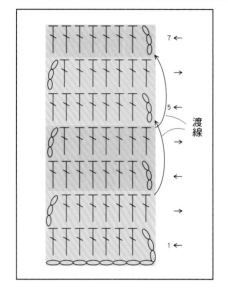

渡線

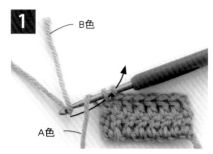

B色

A色

以A色線材鉤織第1‧2織段，在完成第2織段最後的長針時，引拔B色線材，將A色線材從鉤針後側往鉤針前方掛線。

完成引拔後，A色線材備用。

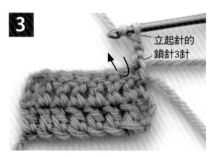

立起針的鎖針3針

將織片翻至反面，鉤入3針立起針的鎖針後，再利用B色線材繼續鉤織第3織段。

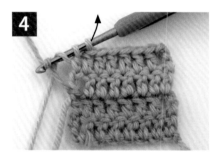

利用B色線材繼續鉤織第4織段，在完成第4織段最後的長針時，引拔A色線材，將B色線材從鉤針前方往後側掛線。

完成引拔後，要小心不讓渡線的線材走位或鬆脫，B色線材備用。

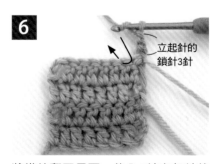

立起針的鎖針3針

將織片翻至反面，鉤入3針立起針的鎖針後，再利用A色線材繼續鉤織第5‧6織段。

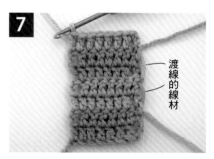

渡線的線材

第7織段鉤織完成後，如圖所示。織片邊緣上有線材被渡線、鉤入的痕跡。重複相同作法，每隔2織段就更換其他顏色的線材，繼續鉤織。

環編的情況

● 鉤織圓形織片

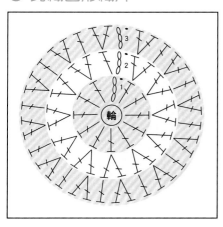

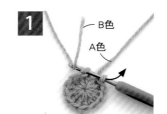

1 利用A色線材鉤織第1織段，直到完成最後的長針後，引拔B色線材。

2 完成引拔針後，A色線材備用。

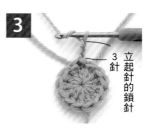

3 鉤入3針立起針的鎖針後，再利用B色線材繼續鉤織第2織段。

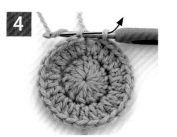

4 直到完成第2織段最後的長針後，引拔備用的A色線材。

5 完成引拔針後，B色線材備用。

6 重複相同作法，每隔1織段就更換其他顏色的線材，繼續鉤織。織片反面可見渡線的線材呈現直紋狀態。

● 鉤織成圓筒織片

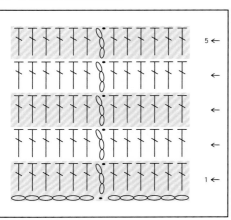

鉤織成圓筒織片與圓形織片的作法相同，要在織段最後1針處上鉤入引拔針時，更換其他顏色的線材。織片反面可見渡線的線材呈現直紋狀態。

第 3 章　開始鉤織

更換配色線的方法

39

編入花樣的方法

在短針或長針等織片上,使用配色線來編入花樣。
在本單元中,介紹一般常用的「包裹線材編織」的方法。

包裹線材編織

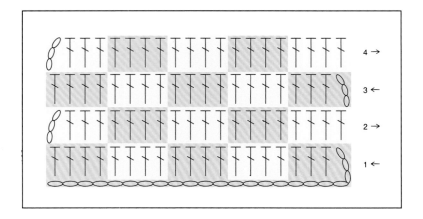

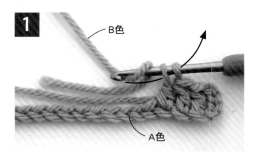

以A色線材鉤織起針針目,進行至第1織段
的途中,在要完成最後1針針目時,換成B
色線材,引拔B色線材。

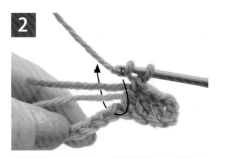

將線掛在鉤針上,依箭頭方向將鉤針
穿入。

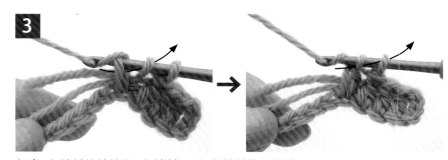

包裹B色線材的線端及A色線材,以B色線材鉤入長針。

繼續一邊包裹B色線材的線端及A色
線材,一邊以B色線材鉤入長針。

在要完成最後1針針目時,再換成A
色線材,引拔A色線材。要小心不讓
渡線在針目中的線材走位或鬆脫,適
度地收緊針目。

一邊包裹B色線材,一邊以A色線材
鉤入長針。

第 3 章　開始鉤織

編入花樣的方法

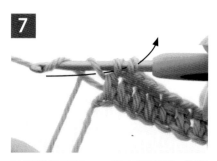

見編織記號圖,一邊交替更換A色和B色線材,一邊繼續鉤織。在完成第1織段的最後針目時,再引拔B色線材。此時,將B色線材從鉤針前方往後側掛線備用。

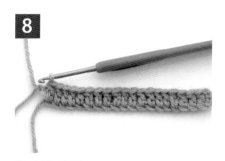

完成第1織段。

接著鉤織第2織段。將織片翻至反面,以B色線材鉤入3針立起針的鎖針。

將線掛在鉤針上,再依箭頭將鉤針穿入,包裹A色線材,接著以B色線材鉤入長針。

在要完成第1織段的最後針目時,更換成A色線材,引拔A色線材。

將線掛在鉤針上,再依箭頭將鉤針穿入,包裹B色線材,接著以A色線材鉤入長針。

見編織記號圖,一邊交替更換A色和B色線材,一邊繼續鉤織。在完成第2織段的最後針目時,再引拔A色線材。此時,將B色線材從鉤針後側往鉤針前方掛線備用。

完成第2織段。

重複相同作法,繼續鉤織。

從織段開始的針目挑針方法

在鉤織緣編時，會從織片的織段來進行挑針。
依挑針方法的不同，作品的外觀也將有所差異，所以挑針時要特別仔細喔！

從長針織片開始挑針

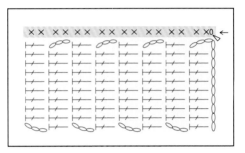

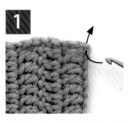

1
將鉤針穿入織片邊緣。

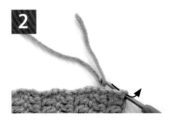

2
將線掛在鉤針上，將線材拉出。

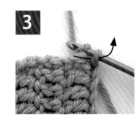

3
將線掛在鉤針上，依箭頭方向收緊引拔針。

4
鉤入1針立起針的鎖針，再依箭頭方向將鉤針穿入第1針及第2針的中間。

5
包捲邊緣的1針，再鉤入短針。

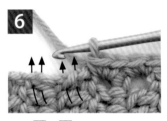

6
重複**4**至**5**的作法，包捲邊緣的1針，再鉤入短針。

7
完成1織段的挑針。

從短針織片開始挑針

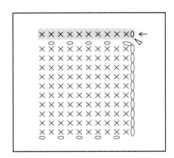

1
將鉤針穿入織片邊緣。

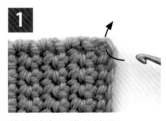

2
將線掛在鉤針上，將線材拉出。

3
將線掛在鉤針上，依箭頭方向收緊引拔針。

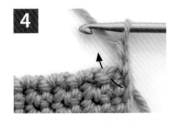

4
鉤入1針立起針的鎖針，再依箭頭方向分開邊緣的針目，將鉤針穿入。

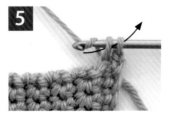

5
鉤入短針。

6
重複**4**至**5**的作法，分開邊緣的針目，再鉤入短針。

7
完成1織段的挑針。

從方格編織片開始挑針

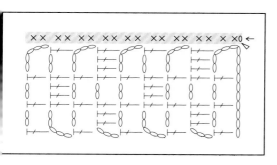

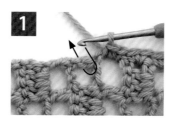

與從長針織片挑針的方法相同，將邊緣的針目全部挑起。

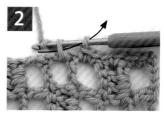

鉤入短針。

以相同作法繼續鉤織。

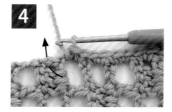

針目已經填滿的部分，也重複 1 至 2 的作法挑針，鉤入短針。

以相同作法繼續鉤織。

完成1織段的挑針。

從網狀編織片開始挑針

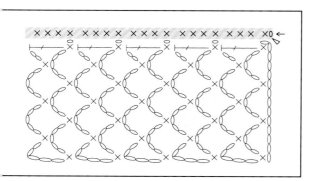

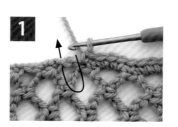

與從長針織片挑針的方法相同，將邊緣的針目全部挑起，再鉤入短針。

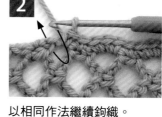

以相同作法繼續鉤織。

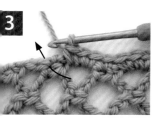

從短針部分挑針時，則分開邊緣的針目，再將鉤針穿。

鉤入短針。

網狀的部分，要將邊緣的針目全部挑起，再鉤入短針。

完成1織段的挑針。

從織片斜線開始挑針

鉤織V字領的領圍時，使用這個方法挑針。
一邊將織片邊緣的針目分開，一邊進行挑
針，但要小心不要讓織片出現空隙喔！

將織片邊緣的針目分開，再將鉤針穿入，鉤入短針。

從織片弧線開始挑針

與從斜線開始挑針的作法相同，一面將
織片邊緣的針目分開，一面進行挑針，
但要小心不要讓織片出現空隙。

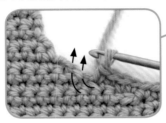  

將織片邊緣的針目分開，再將鉤針穿入，鉤入短針。

※如果沒有鉤出漂亮的曲線時……

如果沒有鉤出漂亮的曲線，可以利用同
色線材先鉤入引拔針，整平曲線後，再
進行挑針。

※為了讓作法較為清楚易懂，在此以不同顏色
的線材作示範。

1 將引拔針鉤織在織片的邊緣。

2 鉤織時，盡量讓引拔針成為漂亮的弧線。

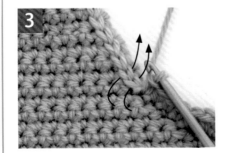

3 將步驟 **1** 至 **2** 鉤織的引拔針進行挑針。

4 鉤入短針。

5 完成漂亮的挑針。

第 4 章

收尾完成

收針&處理線材

織片鉤織完成後進行收針，要利用縫衣針，將收針或起針的線端收整起來。
將線端收整在織片反面，漂亮地完成作品吧！

平編的情況

● 固定收針針目

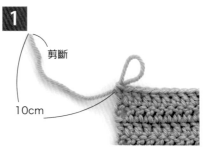

1

完成最後的針目後，將先鉤針移開，
留下10cm的線端後，再將線剪斷。

2

將線端穿入線環中。

3

拉動線端，收緊針目。

●處理線材

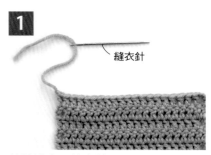

1

將線端穿入縫衣針。

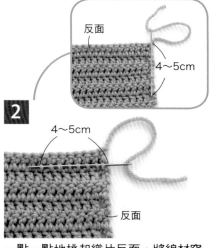

2

一點一點地挑起織片反面，將線材穿
過約4至5cm左右。

※若也想展現作品的反面部分，可以在
　織片邊緣上進行挑針。

3

抽除縫衣針，再沿著織片邊緣，裁剪
露出來的線材，起針處的線端也以同
樣方法進行。

在編織途中處理線材

1

將線端從織片反面穿出，輕輕地打個
結。

2

將線端穿入縫衣針後，如圖一點一點
地挑起織片反面，將線材穿過約4至
5cm左右。

3

抽除縫衣針，再沿著織片邊緣，裁
剪露出來的線材，另一邊的線端也
以同樣方法進行。

環編的情況

● 固定收針針目

利用引拔針收針

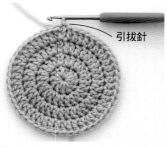

1 完成最後的針目後,將鉤針穿入織段最後的針目,再鉤入引拔針。

2 留下約10cm的線材,將線剪斷,再將線端穿入線環中。

3 拉動線端,收緊針目。

利用鍊條接合技巧收針

進行環編時,若不以引拔針來收針,而是採用「鍊條接合」技巧來處理,作品會更為美觀喔!

1 完成最後的針目後,留下10cm的線材,將線剪斷,再依箭頭方向將線環拉開。

2 拉開線環後,將線端拉出,穿入縫衣針。

3 依箭頭方向,將縫衣針穿入織段第1針長針的頭部鎖針。

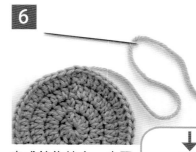

4 依箭頭方向將縫衣針穿入,再將線從織片的反面穿出。

5 拉動線端,調整成與其他針目相同大小。

6 完成鍊條接合,步驟 **3** 至 **5** 所穿過的線材,看起來就像鎖針一般。

● 處理線材

1 將線端穿入縫衣針,再一點一點地挑起織片反面,將線材穿過約4至5cm左右。

2 抽除縫衣針,再沿著織片邊緣,裁剪露出來的線材,起針的線端也以同樣方法進行。

| 縮口收針 | 在收針處穿入線材並拉緊後，織片就會縮口，成為圓球狀。
在鉤織帽子等作品時，常會用到這個方法。 |

● 固定收針針目

1 完成最後的針目後，留下15至20cm的線材，裁剪之後，依箭頭方向將線環拉大，再直接將線端抽出。※線端長度請依織片長度而調整。

縫衣針

2 將線端穿入縫衣針。

3 依箭頭方向，挑起最後織段的頭部鎖針靠近自己的1條線材。

4 以相同方法，將所有的針目都作挑針處理。

5 全部的針目都挑針後，再拉動線端，將織片收攏縮口。

6 收口至最小為止。

● 處理線材

正面

1 將縫衣針穿入縮口的針目中心，再將線端從反面穿出。

反面

2 將織片翻至反面，一點一點地挑起織片裡側，將線材穿過約4至5cm左右後，再抽除縫衣針，沿著織片邊緣，裁剪多餘的線材。

★毛線穿針的方法

由於毛線是由數條細線所捻合而成，即使從線的末端穿針，線還是容易分岔而不易穿入針孔中。本單元要介紹的是順利穿針的祕訣喔！

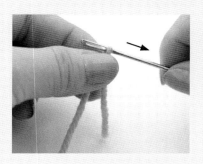 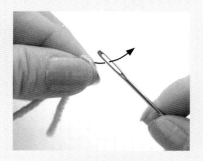 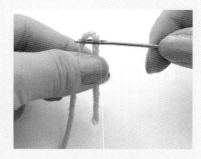

1. 利用毛線夾住縫衣針，再以手指緊緊捏住對摺後的毛線，依箭頭方向將針抽出。

2. 捏緊線材，將線材摺山處依箭頭方向穿入針孔。

3. 從摺山處穿入針孔後，線材便不容易分岔，能夠順利地穿針。

★熨整方法

完成鉤織後，請務必要進行熨整喔！熨斗蒸氣的充分潤澤織片，針目漂亮地熨整過後，會比之前更加美觀！

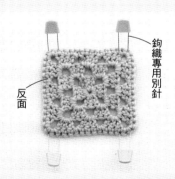
鉤織專用別針
反面

1. 將織片反面朝上，鋪在燙馬上，一邊整平形狀，一邊以鉤織專用別針固定邊緣。

2. 熨斗與織片維持2至3cm的距離，利用熨斗的蒸氣充分潤澤織片。完成後，待織片的溫度下降，再卸除鉤織專用別針。

熨整前

熨整後

 →

在熨整前，織片呈現歪斜扭曲的狀態；經過熨整後，整體看起來平整而美觀。

併縫法

要接合2枚織片時，以鉤針或縫衣針連結針目與針目，稱為「併縫法」。
本單元介紹的是一般常用的併縫法，
請依織片的不同，選擇適合的方法喔！

※圖中是以新的線材進行併縫，如果收針處有留下較長的線端，亦可直接使用原本的線端來接合。

以引拔針併縫 以鉤針挑起頭部的鎖針，再鉤入引拔針。

● 正面相對疊合，挑起2條頭部的鎖針

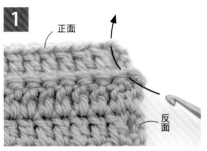

將2枚織片正面相對疊合，再依箭頭方向將鉤針穿入。

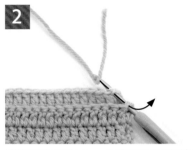

將線掛在鉤針上，依箭頭方向將線材引拔出來。

依箭頭方向將鉤針穿入，挑起兩個頭部鎖針的兩條線。

將線掛在鉤針上，依箭頭方向一次將線材引拔出來。

完成引拔，下一個針目以相同方法進行，將鉤針穿入後，鉤入引拔針。

重複相同作法。

引拔到最後針目。

接縫處正面圖。

※「正面相對疊合」&「反面相對疊合」

正面相對疊合

將2枚織片的正面相對，並疊合在一起。

反面相對疊合

將2枚織片的反面相對，並疊合在一起。

第4章 收尾完成

併縫法（以引拔針併縫）

50

以短針併縫 以鉤針挑起2條頭部的鎖針，再鉤入短針。
接縫處會變得較為立體，就像經過設計的花樣一般。

● 反面相對疊合，挑起2條頭部的鎖針

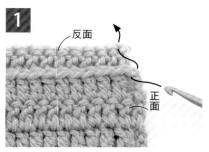

1

反面

正面

將2枚織片反面相對疊合，再依箭頭方向將鉤針穿入。

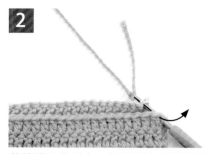

2

將線掛在鉤針上，依箭頭方向將線材引拔出來。

3

鉤入1針立起針的鎖針。

4

依箭頭方向將鉤針穿入，挑起兩個頭部鎖針的2條線。

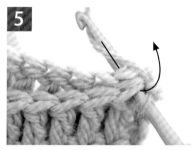

5

將線掛在鉤針上，依箭頭方向將線材引拔出來。

6

鉤入短針。

7

鉤入短針，下個針目也是以相同方法將鉤針穿入。

8

將線掛在鉤針上、引拔，再鉤入短針。

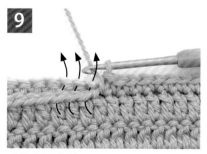

9

重複相同作法。

10

引拔到最後針目。

**11**

接縫處正面圖，接縫處會變得較為立體。

第 4 章　收尾完成

併縫法（以短針併縫）

51

以捲針併縫　以縫衣針挑起2條頭部的鎖針，或是分別挑起1條後，再進行捲邊縫。

● 正面相對疊合，挑起2條頭部的鎖針

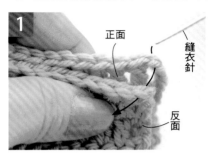

2枚織片正面相對疊合，將線材穿入縫衣針，依箭頭方向將縫衣針穿入邊緣的針目。

依箭頭方向將縫衣針穿入，挑起兩個頭部鎖針的2條線。

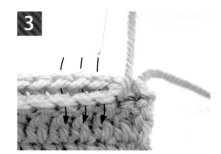

下一個針目也是以相同方法進行，將縫衣針穿入後，拉線收緊。

重複相同作法。

最後的針目則依箭頭方向將縫衣針穿入。

併縫到最後針目。

接縫處正面圖。

● 正面相對疊合，挑起1條頭部的鎖針

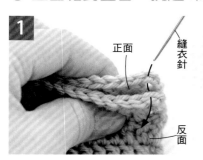

2枚織片正面相對疊合，再將線材穿入縫衣針，依箭頭方向將縫衣針穿入邊緣的針目。

依箭頭方向穿入縫衣針，分別挑起頭部的鎖針1條線。

下一個針目也是以相同方法進行，將縫衣針穿入後，拉線收緊。

重複相同作法。

最後的針目則依箭頭方向將縫衣針穿入。

併縫到最後針目。

接縫處正面圖。雖然看起來與P.52的「挑起2條頭部的鎖針」相同，但由於在此僅挑起1條線，接縫處會比較輕薄。

●反面相對疊合，挑起1條頭部的鎖針

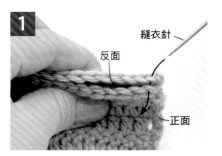

縫衣針

反面

正面

2枚織片反面相對疊合，將線材穿入縫衣針，依箭頭方向將縫衣針穿入邊緣的針目。

依箭頭方向將穿入縫衣針，分別挑起頭部的鎖針1條線。

下一個針目也是以相同方法進行，將縫衣針穿入後，拉線收緊。

重複相同作法。

最後的針目則依箭頭方向將縫衣針穿入。

併縫到最後針目。

接縫處正面圖，鎖針剩下的1條線，會成為橫條紋的圖樣。

鉤織網狀編、方格編等織片時，要一邊鉤入鎖針，再於鎖針之間鉤入引拔針，將織片接合起來。鎖針的針數則要依織片而調整。

● 正面相對疊合，進行挑束

1

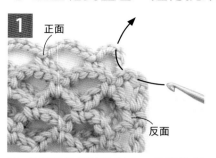
正面
反面

將2枚織片正面相對疊合，再將鉤針穿入邊緣的針目。

2

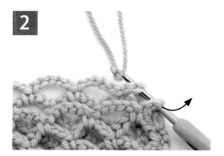

將線掛在鉤針上，再引拔線材。

3

將線掛在鉤針上，再鉤入鎖針。

4

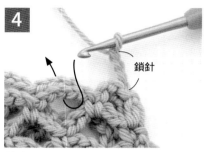
鎖針

依箭頭方向，挑起將前織段的鎖針。

5

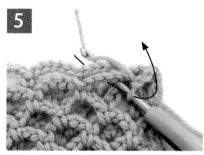

將線掛在鉤針上，再依箭頭方向1次引拔出來。

6

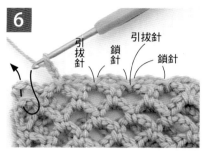
引拔針
鎖針
引拔針
鎖針

重複鉤入鎖針及引拔針，最後依箭頭方向將鉤針穿入。

7

將線掛在鉤針上，再依箭頭方向1次引拔出來。

8

引拔到最後針目。

9

接縫處正面圖。

以鎖針&短針併縫

作法與「以鎖針&引拔針接縫」相同，重複鉤織鎖針及短針，併縫織片。

1

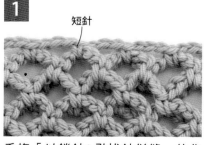
短針

重複「以鎖針&引拔針併縫」的作法，但引拔針部分都改為短針來進行。

2

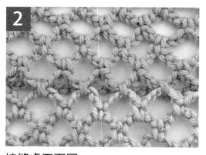

接縫處正面圖。

綴縫法

要接合2枚織片時，以鉤針或縫衣針連結織段與織段，稱為「綴縫法」。
本單元介紹的是一般常用的綴縫法，
請依織片的不同，選擇適合的方法喔！

※圖中為了讓作法較為清楚易懂，以不同顏色的線材作示範。

以引拔針綴縫　　以鉤針來挑起織片邊緣的針目，再鉤入引拔針。

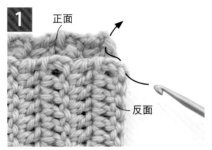

將2枚織片正面相對疊合，再依箭頭
方向將鉤針穿入邊緣的針目。

將線掛在鉤針上，再引拔線材。

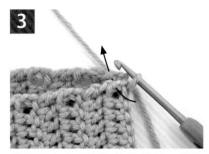

依箭頭方向分開邊緣的針目，將鉤
針穿入。

將線掛在鉤針上，再1次引拔出來。

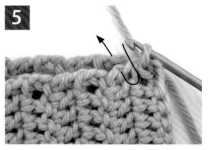

完成引拔，繼續以相同方法進行，
將鉤針穿入後，鉤入引拔針。

重複相同作法。

引拔到最後針目。

接縫處正面圖。

第4章　收尾完成

綴縫法（以引拔針綴縫）

56

以鎖針&引拔針綴縫

將鉤針穿入織段及織段的邊緣,再鉤入引拔針。直到下一個織段及織段的邊緣時,則利用鎖針來鉤織。鎖針的針數要依織片而調整。

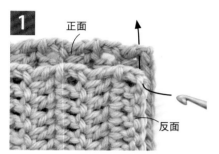

1 正面

反面

將2枚織片正面相對疊合,再依箭頭方向將鉤針穿入邊緣的針目。

2

將線掛在鉤針上,再將線材抽出。

3

將線掛在鉤針上,再將線材抽出。

4

鉤入鎖針。

5

再依箭頭方向將鉤針穿入織段及織段的邊緣。

6

將線掛在鉤針上,再依箭頭方向1次引拔出來。

7

鉤入鎖針。

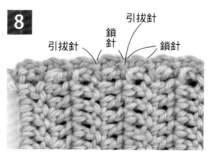

8 引拔針 鎖針 引拔針 鎖針

利用相同作法,重複鉤入鎖針及引拔針。

9

接縫處正面圖。

將鉤針穿入織段及織段的邊緣，再鉤入短針。直到下一個織段及織段的邊緣時，則利用鎖針來鉤織。鎖針的針數要依織片而調整。

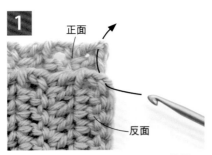
正面
反面

將2枚織片正面相對疊合，再依箭頭方向將鉤針穿入邊緣的針目。

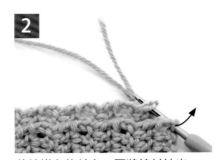

將線掛在鉤針上，再將線材抽出。

將線掛在鉤針上，再引拔出來。

鉤入1針立起針的鎖針。

鉤針穿入與 1 相同的位置。

將線掛在鉤針上，再引拔出來。

將線掛在鉤針上，鉤入短針。

鉤入短針後，接著再鉤入鎖針。

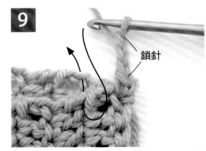
鎖針

再依箭頭方向將鉤針穿入織段及織段的邊緣。

鉤入短針。

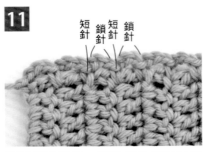
短針
鎖針
短針
鎖針

利用相同作法，重複鉤入鎖針及短針。

接縫處正面圖。

以捲針綴縫

使用縫衣針，確實接合織片，交互挑起邊緣的針目。

● 短針的情況

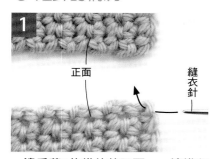

一邊看著2枚織片的正面，一邊進行綴縫。先將線材穿入縫衣針，再依箭頭方向挑起邊緣的針目。

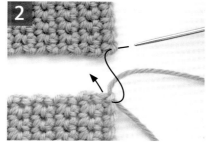

依箭頭方向，交互挑起2枚織片邊緣的針目。

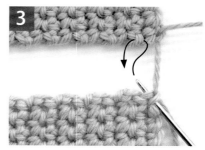

重複相同作法，交互挑起織段邊緣反面的針目。

重複相同作法。

挑針到一半時。（實際為看不見毛線，要一邊收緊線材，一邊縫合。）

綴縫至邊緣處。

● 長針的情況

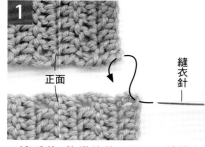

一邊看著2枚織片的正面，一邊進行綴縫。先將線材穿入縫衣針，再依箭頭方向挑起邊緣的針目。

依箭頭方向，交互挑起2枚織片邊緣的針目。

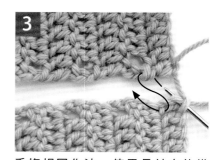

重複相同作法。使用長針來鉤織時，高度容易不整齊且明顯，務必要將織段及織段的邊緣確實綴縫起來，並且維持高度的整齊。

重複相同作法。

挑針到一半時。（實際為看不見毛線，要一邊收緊線材，一邊縫合。）

接縫處正面圖。

接縫織片方法

不只鉤織一片，而是接合多片織片的作法，也能增加作品的寬度。
接縫方法包括了「一邊鉤織織片的最後一段，一邊接縫」及「從反面接縫已完成的織片」兩種。
由於織片的樣式多元，請選用適合織片的形狀與方法來接縫喔！

一邊鉤織織片的最後一段，一邊接縫

● 以引拔針接縫

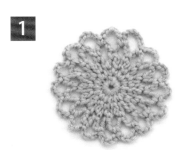

1 完成第1片織片。

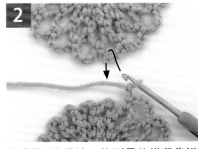

2 鉤織第2片織片，鉤到最後織段靠進自己的接合位置的針目時，依箭頭方向，從第1片主題花樣的正面將鉤針穿入。

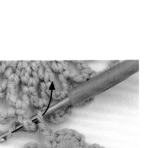

3 將線掛在鉤針上，鉤入引拔針。

4 完成織片一處的接合。

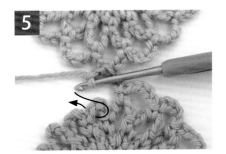

5 接著鉤入2針鎖針，繼續鉤織織片。

6 重複相同作法，完成另一處的接合，再完成織段其餘的部分。

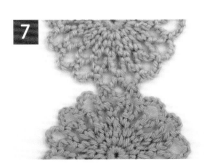

7 完成第2片織片的接合。

● 以引拔針接縫（先將鉤針移開）

先將鉤針移開再接縫，和不將鉤針移開就進行接縫的情況略有不同，其接縫位置的疊合方法將有所改變。

1

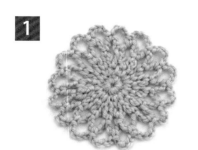

完成第1片織片。

2

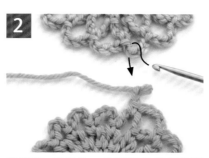

鉤織第2片織片，鉤到最後織段靠進自己的接合位置的針目時，暫時將鉤針移開，再依箭頭方向，從第1片織片的正面將鉤針穿入。

3

再次將鉤針穿入剛才移開的針目，依箭頭方向將線材拉出。

4

將線掛在鉤針上，依箭頭方向將線材引拔出來。

5

完成織片一處的接合。

6

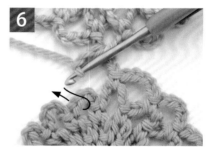

接著鉤入2針鎖針，繼續鉤織織片。

7

繼續鉤織織片的最後織段。

8

重複相同作法，完成另一處的接合，再完成織段其餘的部分。

9

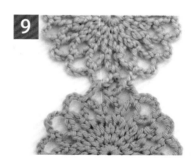

完成第2片織片的接合。

第4章 收尾完成

接縫織片方法

● 以短針接縫

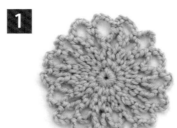

完成第1片織片。

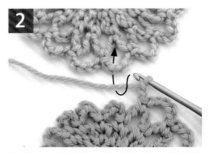

鉤織第2片織片,鉤到最後織段靠進自己的接合位置的針目時,依箭頭方向從第1片主題花樣的反面將鉤針穿入。此時,鉤針是從線材的下方穿過。

將線掛在鉤針上,依箭頭方向將線材拉出。

將線掛在鉤針上,依箭頭方向將線材引拔出來,再鉤織短針。

完成織片一處的接合。

接著繼續鉤織織片。

重複相同作法,完成另一處的接合,再完成織段其餘的部分。

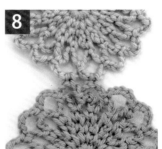

完成第2片織片的接合。

● 接縫花瓣尖端

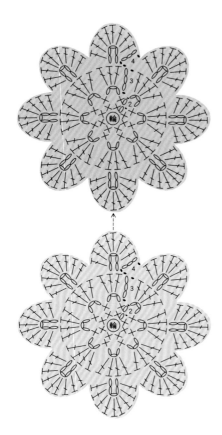

1 完成第1片織片。

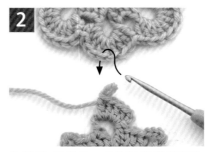

2 鉤織第2片織片，鉤到最後織段靠進自己的接合位置的針目時，暫時將鉤針移開，再依箭頭方向，將鉤針穿入第1片主織片末端的針目中。

3 再次將鉤針穿入剛才移開的針目，依箭頭方向將線材拉出。

4 將線材拉出，完成接合。

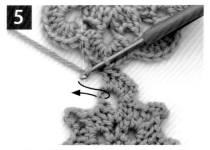

5 繼續鉤織織片。接著將線掛在鉤針上，鉤入1針長針。

6 完成長針，完成織片最後織段。

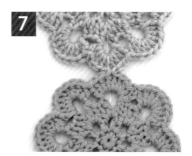

7 完成第2片織片的接合。

第 4 章　收尾完成

接縫織片方法

63

從反面接縫已完成的織片

● 以捲針接縫（見P.52）

正面相對疊合，挑起2條鎖針

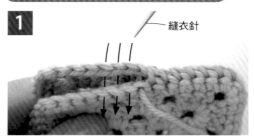

2枚織片正面相對疊合，將線材穿入縫衣針，依箭頭方向將縫衣針穿入，挑起兩個頭部鎖針的兩條線。

反面相對疊合，挑起1條鎖針

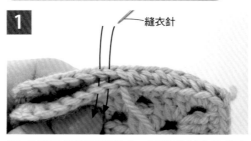

將2枚織片反面相對疊合，再將線材穿入縫衣針，依箭頭方向將縫衣針穿入，分別挑起頭部鎖針的1條線。

● 以引拔針接縫（見P.50）

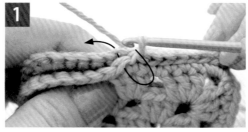

2枚織片正面相對疊合，將線材掛在鉤針上，依箭頭方向將鉤針穿入，挑起兩個頭部鎖針的2條線，再鉤入引拔針。

● 以短針接縫（見P.51）

2枚織片正面相對疊合，將線材掛在鉤針上，依箭頭方向將鉤針穿入，挑起兩個頭部鎖針的2條線，再鉤入短針。

接縫處正面圖。由於是挑起2條鎖針，因此接縫處較為穩固。

接縫處正面圖。鎖針剩下的1條線，會成為橫條紋的圖樣。

接縫處正面圖。接縫處立起、帶有高度，看起來就像是作品的邊緣線。

接縫處正面圖。接縫處立起且帶有高度，看起來就像是作品的粗框邊緣線。

第 5 章
各種針法的編織習作

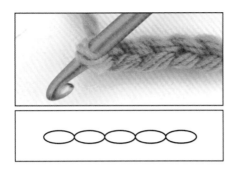

鎖針

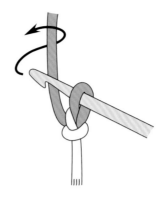

1. 依箭頭方向，將線掛在鉤針上。

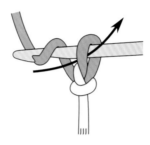

2. 依箭頭方向，將線材引拔出來，如此鉤織第1針。

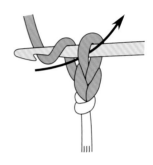

3. 以相同方法，依箭頭方向引拔，如此鉤織第2針。

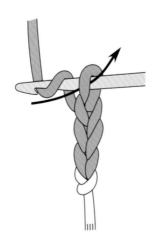

4. 重複相同方法，繼續進行鉤織。

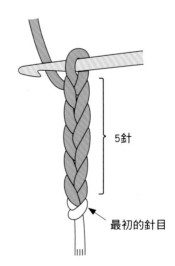

5針

最初的針目

5. 圖為鉤織5針鎖針的樣子，最初的針目和掛在鉤針上的線環，則不計算入針數內。

第5章 各種針法的編織習作

鎖針

引拔針

※以「在短針上進行鉤織」的情況來說明。

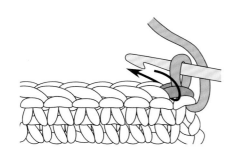

1. 依箭頭方向,將鉤針穿入
前一織段的針目中。

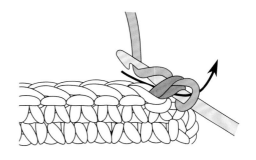

2. 將線掛在鉤針上,再依箭頭
方向引拔線材。

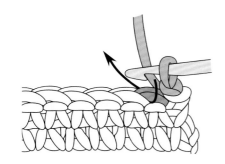

3. 完成1針引拔針。第2針以相
同作法進行,先將鉤針依箭
頭方向穿入針目,再將線掛
在鉤針上,引拔線材。

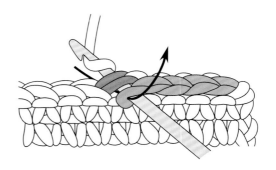

4. 重複相同作法,鉤織引
拔針。

短針

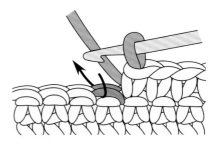

1. 依箭頭方向，將鉤針穿入前一織段的針目中。

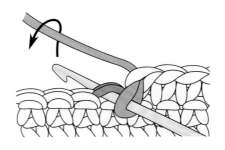

2. 依箭頭方向，將線掛在鉤針上。

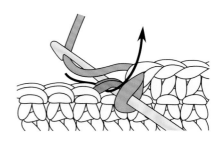

3. 依箭頭方向，將線材拉出。

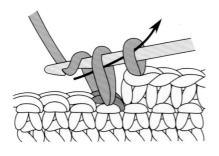

4. 將線掛在鉤針上，再依箭頭方向引拔線材。

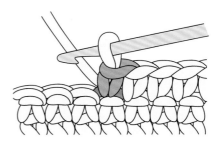

5. 完成短針。

短針的筋編

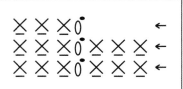

※ ╁ & ╁ 等短針之外的針法，
也是以相同方法將鉤針穿入，
再鉤入中長針或長針。

※「短針的筋編」及「短針的畝編」都是使用相同的記號
╳來標註。雖然鉤織方法相同（鉤起前一織段頭部鎖針
的對向側1條線材，再進行鉤織），但「短針的筋編」
在環編時使用，「短針的畝編」則是在平編時使用，織
片的外觀也有所不同。

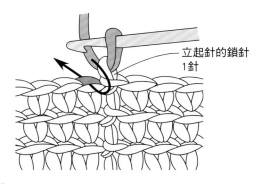

立起針的鎖針
1針

1. 鉤織1針立起針的鎖針，再依箭
頭方向，將鉤針穿入前一織段頭
部鎖針的對向側1條線材中。

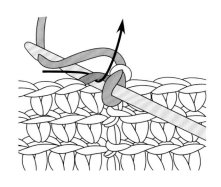

2. 將線掛在鉤針上，再依箭
頭方向將線材拉出。

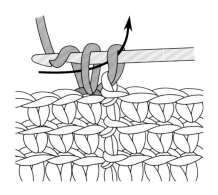

3. 將線掛在鉤針上，再依箭頭方
向引拔線材。

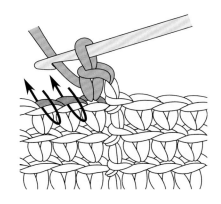

4. 完成1針短針的筋編。接下來
的針目以相同作法進行，先將
鉤針穿入，再進行鉤織。

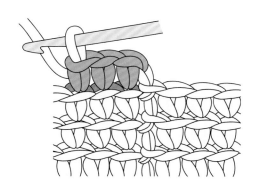

5. 前一織段頭部鎖針靠近自
己的1條線，會成為橫條
紋的圖樣。

☒ 短針的畝編

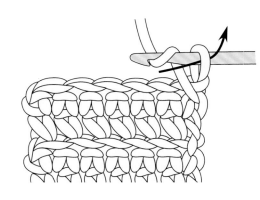

※「短針的筋編」及「短針的畝編」都是使用相同的記號☒來標註。雖然鉤織方法相同（鉤起前一織段頭部鎖針的對向側1條線材，再進行鉤織），但「短針的筋編」在環編時使用，「短針的畝編」則是在平編時使用，織片的外觀也有所不同。

1. 鉤織1針立起針的鎖針。

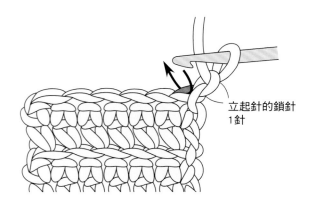

立起針的鎖針
1針

2. 依箭頭方向，將鉤針穿入前一織段頭部鎖針的對向側1條線材中。

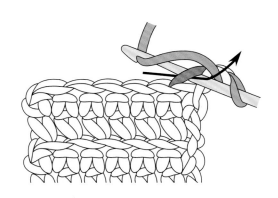

3. 將線掛在鉤針上，再依箭頭方向將線材拉出。

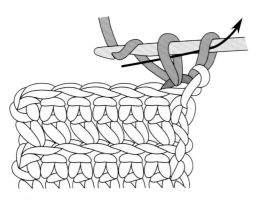

4. 將線掛在鉤針上，再依箭頭方向引拔線材。

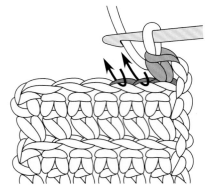

5. 完成1針短針的畝編。接下來的針目以相同作法進行，先將鉤針穿入，再進行鉤織。

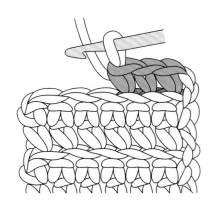

6. 進行平編，繼續將鉤針穿入每一織段頭部鎖針的對向側1條線材，再進行鉤織，織片會如同田畝一般，呈現凹凸不平的模樣。

⊠ 逆短針

※看著織片正面，由左至右進行鉤織。

```
0⊠⊠⊠⊠
 ×××××
0×××××
```

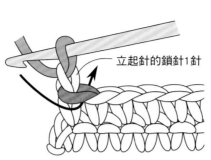

立起針的鎖針1針

1. 看著織片的正面，鉤入1針立
起針的鎖針，再依箭頭方向將
鉤針穿入。

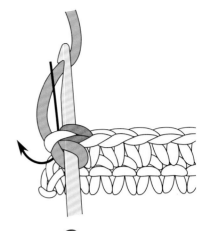

2. 依箭頭方向，將
線材拉出。

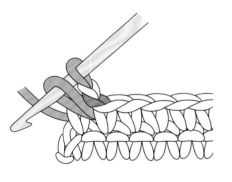

3. 線材拉出圖。

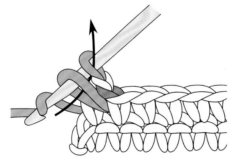

4. 將線掛在鉤針上，再依箭頭
方向，引拔線材。

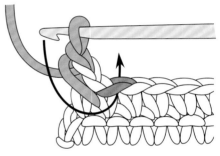

5. 完成逆短針，接下來再依箭
頭方向將鉤針穿入。

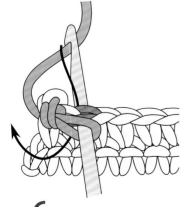

6. 將線掛在鉤針上，
將線材拉出。

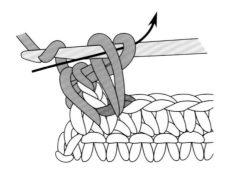

7. 將線掛在鉤針上，引拔線
材，鉤織第2針。

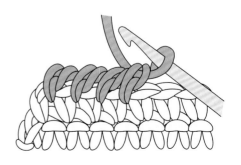

8. 重複進行5・6・7的步
驟，進行鉤織。

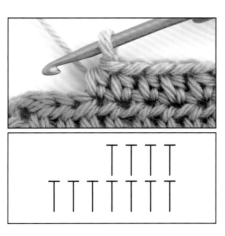

丅 中長針

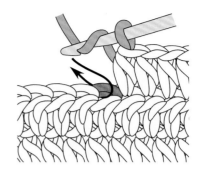

1. 將線掛在鉤針上，再依箭頭方向，將鉤針穿入前一織段的針目中。

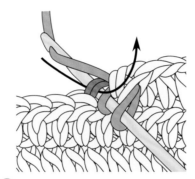

2. 將線掛在鉤針上，再依箭頭方向將線材拉出。

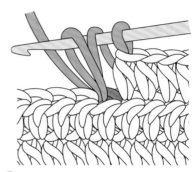

3. 線材拉出圖。（拉出的線要留長一些備用）

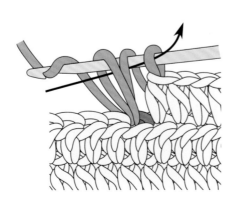

4. 將線掛在鉤針上，再引拔線材。

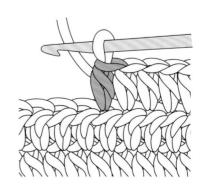

5. 完成中長針。

 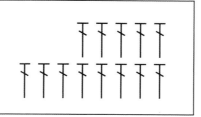

長針

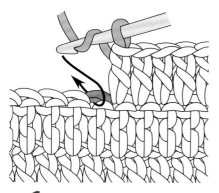

1. 將線掛在鉤針上,再依箭頭方向,將鉤針穿入前一織段的針目中。

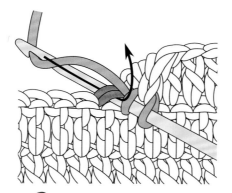

2. 將線掛在鉤針上,依箭頭方向將線材拉出。

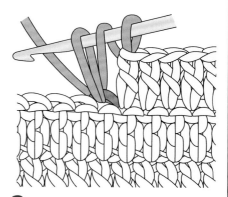

3. 線材拉出圖。

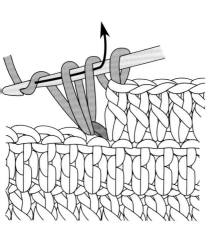

4. 將線掛在鉤針上,再依箭頭方向,引拔2條線材。

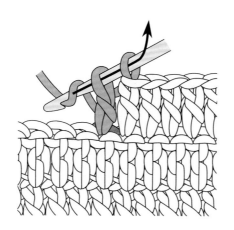

5. 將線掛在鉤針上,再依箭頭方向,引拔剩下的線材。

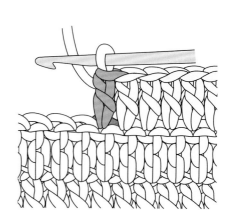

6. 完成長針。

長長針

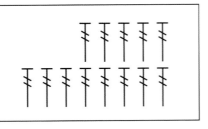

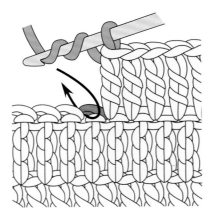

1. 將線纏繞鉤針2圈，再依箭頭方向，將鉤針穿入前一織段的針目中。

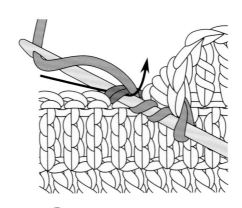

2. 將線掛在鉤針上，再依箭頭方向將線材拉出。

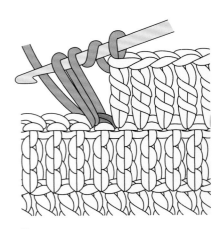

3. 線材拉出圖。

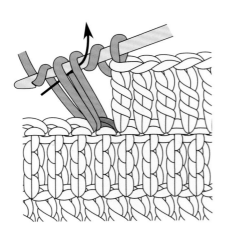

4. 將線掛在鉤針上，再依箭頭方向，引拔2條線材。

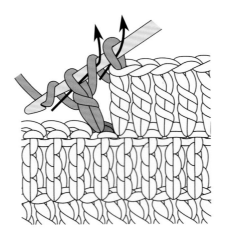

5. 將線掛在鉤針上，再依箭頭方向，分別引拔剩下的2條線材。

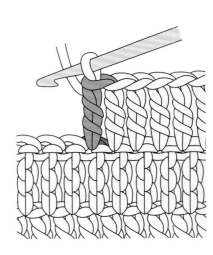

6. 完成長長針。

 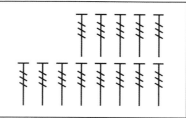

三卷長針

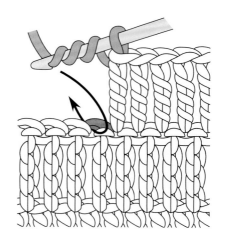

1. 將線纏繞鉤針3圈,再依箭頭方向,將鉤針穿入前一織段的針目中。

※進行四卷以上的針法時,也是依指定圈數纏繞鉤針,再以相同方法鉤織。

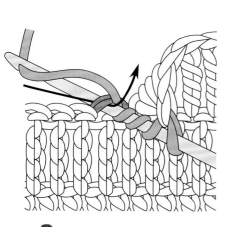

2. 將線掛在鉤針上,再依箭頭方向將線材拉出。

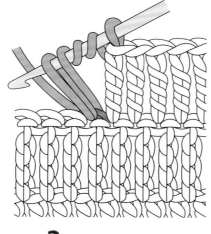

3. 線材拉出圖。

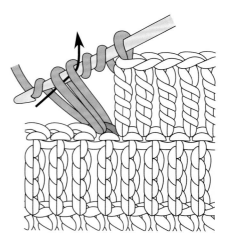

4. 將線掛在鉤針上,再依箭頭方向,引拔2條線材。

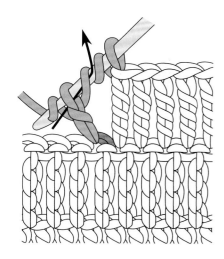

5. 將線掛在鉤針上,再依箭頭方向,引拔2條線材。

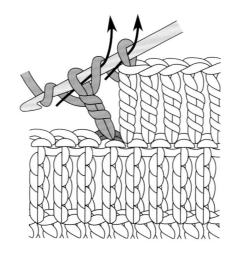

6. 將線掛在鉤針上,再依箭頭方向,分別引拔剩下的2條線材。

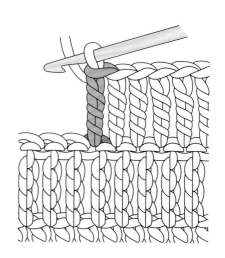

7. 完成三卷長針。

2短針加針

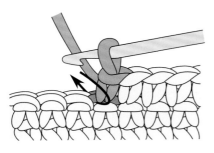 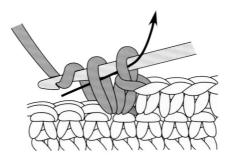 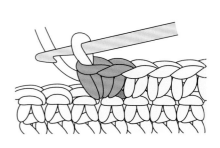

1. 鉤入1針短針後，依箭頭方向，將鉤針穿入前一織段的相同針目中，再將線材拉出。

2. 將線掛在鉤針上，再引拔線材。

3. 完成2短針加針。

 3短針加針

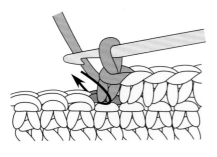 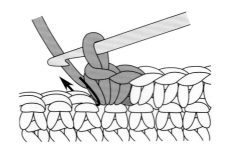 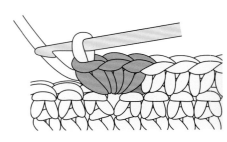

1. 鉤入1針短針後，依箭頭方向，將鉤針穿入前一織段的相同針目中，再鉤入1針短針。

2. 以相同方法將鉤針穿入，再鉤入1針短針。

3. 完成3短針加針。

2中長針加針

※ V & V 挑針方法的差異，請見P.85。

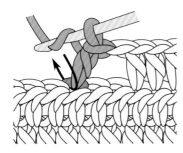
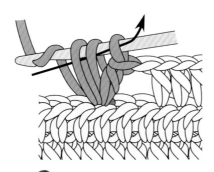
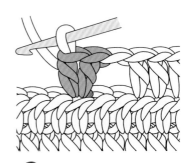

1. 先鉤入1針中長針，接著將線掛在鉤針上，依箭頭方向，將鉤針穿入前一織段的相同針目中，再將線材拉出。

2. 將線掛在鉤針上，引拔全部的線材，鉤入中長針。

3. 完成2中長針加針。

3中長針加針

※ V & V 挑針方法的差異，請見P.85。

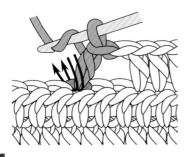
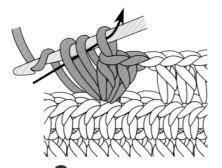
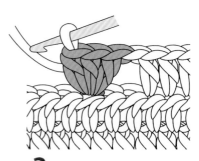

1. 先鉤入1針中長針，接著將線掛在鉤針上，依箭頭方向，將鉤針穿入前一織段的相同針目中，再鉤入第2針中長針。

2. 依箭頭方向，鉤入第3針中長針。

3. 完成3中長針加針。

2中長針加針・3中長針加針

2 長針加針

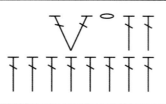

※ V & V 挑針方法的差異，請見P.85。

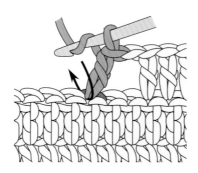
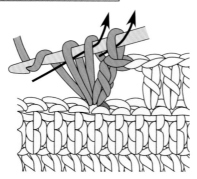
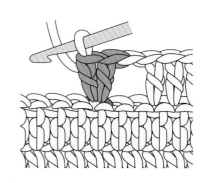

1. 先鉤入1針長針，接著將線掛在鉤針上，依箭頭方向，將鉤針穿入前一織段的相同針目中，再將線材拉出。

2. 將線掛在鉤針上，分別引拔剩下的2條線材，鉤入1針長針。

3. 完成2長針加針。

 3 長針加針

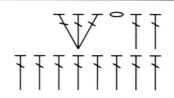

※ V & V 挑針方法的差異，請見P.85。

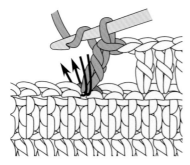
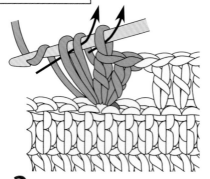
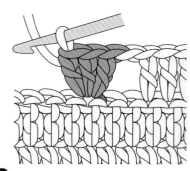

1. 先鉤入1針長針，接著將線掛在鉤針上，依箭頭方向，將鉤針穿入前一織段的相同針目中，再鉤入第2針長針。

2. 依箭頭方向，鉤入第3針長針。

3. 完成3長針加針。

5長針加針

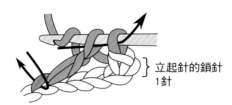

立起針的鎖針
1針

1. 先鉤入1針立起針的鎖針和1針短針,再將5針長針鉤入第4針的鎖針中。

2. 完成5長針加針。

★松針圖樣

組合「5長針加針」鉤織成的「松針圖樣」方法。

1. 進行「5長針加針」的步驟1·2。

2. 依箭頭方向,將1針短針鉤入第4針當中。

3. 完成1針短針,再以相同方法進行,重複鉤織長針及短針,完成第1織段。

4. 下一個織段,則是先鉤入3針立起針的鎖針,再依箭頭方向將鉤針穿入前一織段的短針頭部針目,再鉤入2針長針。

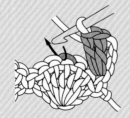

5. 完成2針長針,接著依箭頭方向,將鉤針穿入前一織段5針長針的中央針目,再鉤入1針短針。

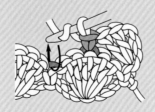

6. 完成1針短針,將線掛在鉤針上,再依箭頭方向將鉤針穿入前一織段的短針頭部針目,再鉤入5針長針。

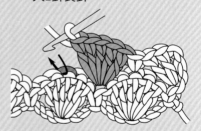

7. 完成5針長針,重複進行步驟5·6,繼續鉤織。

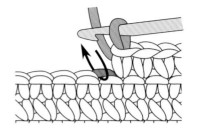

2短針併針

1. 依箭頭方向，將鉤針穿入前一織段的針目，再將線材拉出。

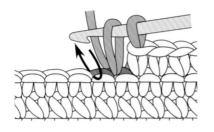 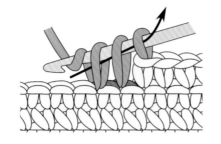 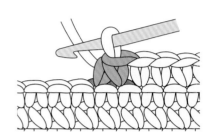

2. 以相同方法進行，一樣將鉤針穿入下一個針目，再將線材拉出。

3. 將線掛在鉤針上，引拔全部的線材。

4. 完成2短針併針。

3短針併針

 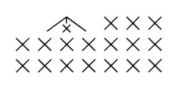

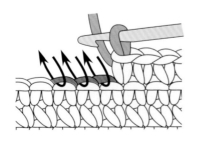 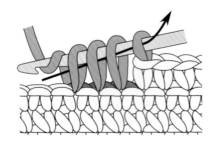 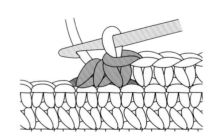

1. 依箭頭方向，將鉤針穿入前一織段的針目，再重複將線材拉出3次。

2. 將線掛在鉤針上，引拔全部的線材。

3. 完成3短針併針。

2中長針併針

※所謂「未完成」，指的是「還差一次引拔針才完成」的狀態。

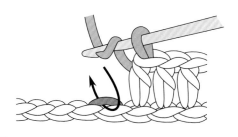

1. 將線掛在鉤針上，依箭頭方向將鉤針穿入，再將線材拉出。（拉出的線要留長一些備用）

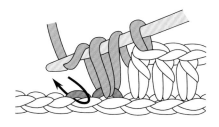 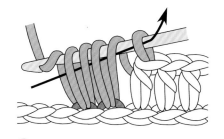 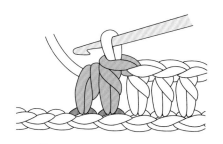

2. 圖為未完成的1針中長針，接著將線掛在鉤針上，再依箭頭方向將鉤針穿入，以相同方法將線材拉出。

3. 圖為未完成的2針中長針，接著將線掛在鉤針上，再依箭頭方向引拔全部的線材。

4. 完成2中長針併針。

3中長針併針

※所謂「未完成」，指的是「還差一次引拔針才完成」的狀態。

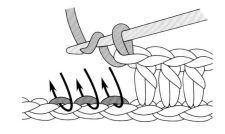

1. 將線掛在鉤針上，依箭頭方向將鉤針穿入，再將線材拉出，鉤入3針未完成的中長針。（拉出的線要留長一些備用）

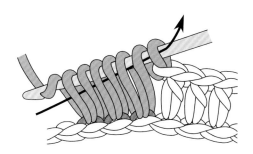 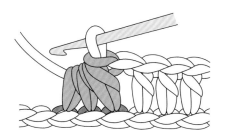

2. 圖為3針未完成的中長針，接著將線掛在鉤針上，再依箭頭方向引拔全部的線材。

3. 完成3中長針併針。

2長針併針

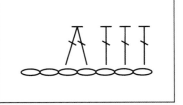

※所謂「未完成」，指的是「還差一次引拔針才完成」的狀態。

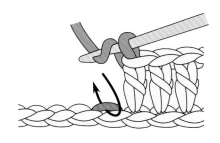

1. 將線掛在鉤針上，依箭頭方向將鉤針穿入後，鉤入1針未完成的長針。

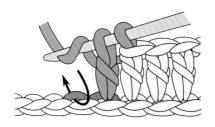
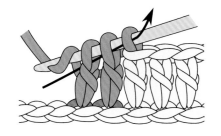
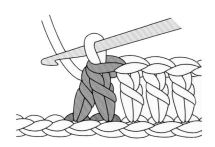

2. 將線掛在鉤針上，再依箭頭方向將鉤針穿入，鉤入1針未完成的長針。

3. 將線掛在鉤針上，再依箭頭方向引拔全部的線材。

4. 完成2長針併針。

 ## 3長針併針

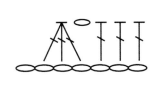

※所謂「未完成」，指的是「還差一次引拔針才完成」的狀態。

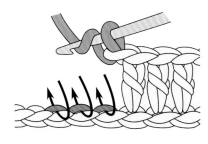

1. 將線掛在鉤針上，依箭頭方向將鉤針穿入後，鉤入3針未完成的長針。

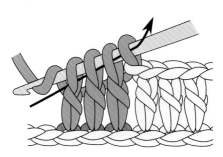

2. 圖為3針未完成的中長針，接著將線掛在鉤針上，再依箭頭方向引拔全部的線材。

3. 完成3長針併針。

第5章 各種針法的編織習作

2長針併針・3長針併針

82

1長針交叉

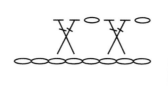

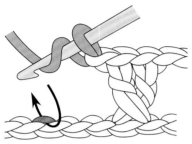

1. 將線掛在鉤針上,再依箭頭方向將鉤針穿入交叉的左側鎖針針目,將線材拉出。

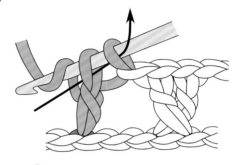

2. 將線掛在鉤針上,分別引拔2條線材,鉤入1針長針。

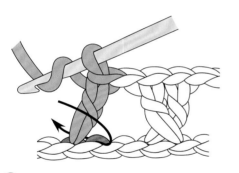

3. 將線掛在鉤針上,再依箭頭方向,將鉤針穿入步驟**1**穿入針目的右側鎖針針目,包裹步驟**2**鉤入的長針,將線材拉出。

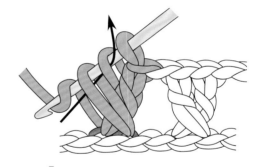

4. 將線掛在鉤針上,再依箭頭方向,引拔2條線材。

5. 將線掛在鉤針上,再依箭頭方向引拔全部的線材。

6. 完成1長針交叉。

3中長針的玉針

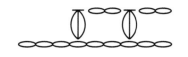

※ & 挑針方法的差異，
　請見P.85。

※ 所謂「未完成」，指的是
　「還差一次引拔針才完成」
　的狀態。

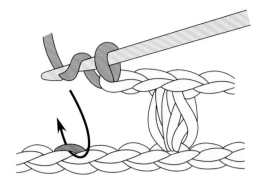

1. 將線掛在鉤針上，依箭頭方向將鉤針
穿入，再將線材拉出。（拉出的線要
留長一些備用）

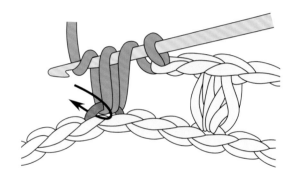

2. 圖為未完成的中長針，接著將線掛在鉤
針上，將鉤針穿入與步驟1相同的針目
後，再將線材拉出。

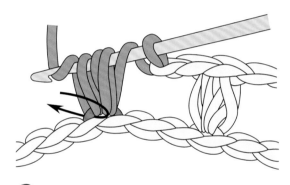

3. 圖為2針未完成的中長針，接著將線掛在
鉤針上，依箭頭方向將鉤針穿入相同的針
目後，再將線材拉出。

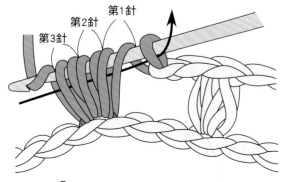

第1針
第2針
第3針

4. 圖為3針未完成的中長針，接著將
線掛在鉤針上，引拔全部的線材。

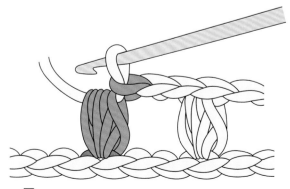

5. 完成3中長針的玉針。

★「分開針目後鉤入」&「挑束鉤入」

鉤入2針以上針目時的記號，可分為「記號下方閉合」及「記號下方開啟」兩種情況。
兩種記號的差異在於：鉤入前一織段時，是要「分開針目後鉤入」，是「挑束後鉤入」。

分開針目後鉤入	挑束鉤入

記號下方呈現閉合狀態。
分開前一織段的1針針目，再鉤入需要的針數。

記號下方呈現開啟狀態。
將前一織段的鎖針挑束後（見P.31），再鉤入需要的針數。

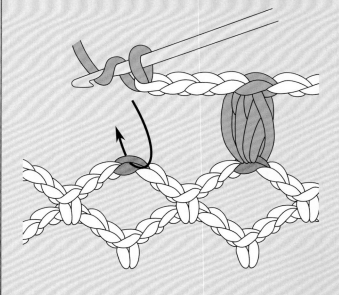

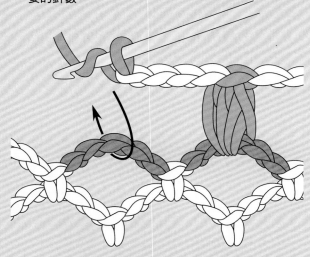

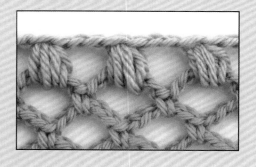

3長針的玉針

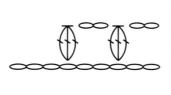

※ ⊕ & ⊕ 挑針方法的差異，請見P.85。

※所謂「未完成」，指的是「還差一次引拔針才完成」的狀態。

1. 將線掛在鉤針上，依箭頭方向將鉤針穿入，再將線材拉出。

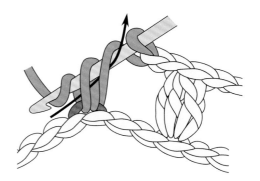

2. 將線掛在鉤針上，再依箭頭方向，引拔2條線材。

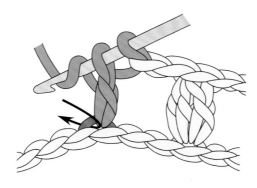

3. 圖為未完成的長針，接著將線掛在鉤針上，重複進行步驟1・2。

4. 圖為未完成的長針，接著以相同方法，再將1針未完成的長針鉤入相同的針目。

5. 圖為3針未完成的長針，接著將線掛在鉤針上，引拔全部的線材。

6. 完成3長針的玉針。

第5章 各種針法的編織習作

3長針的玉針

3中長針的玉針變化款

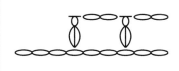

※ & 挑針方法的差異，
請見P.85。

※所謂「未完成」，指的是
「還差一次引拔針才完成」
的狀態。

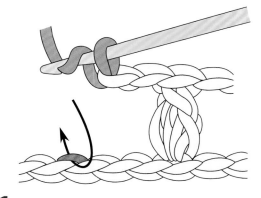

1. 將線掛在鉤針上，依箭頭方向將鉤針
穿入，再將線材拉出。（拉出的線要
留長一些備用）

2. 圖為未完成的中長針，接著將線掛在
鉤針上，將鉤針穿入與步驟**1**相同的針
目後，再重複將線材拉出2次。

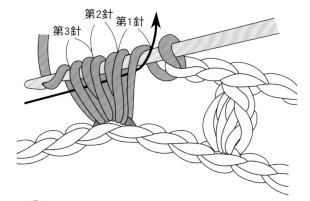

第3針　第2針　第1針

3. 圖為3針未完成的中長針，接著將線掛
在鉤針上，依箭頭方向，引拔中長針
的線材。

4. 將線掛在鉤針上，再依箭頭方向，引拔全部
的線材。

5. 完成3中長針的玉針變化款。

5長針的爆米花編（popcorn）

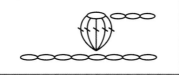

※  挑針方法的差異，請見P.85。

1. 將5針長針鉤入前一織段的相同針目中。

2. 暫時將鉤針移開原本的線環，將鉤針穿入第1針長針的頭部鎖針的2條線中，依箭頭方向，再次將鉤針穿入原本的線環。

3. 依箭頭方向，引拔鉤著的線環。

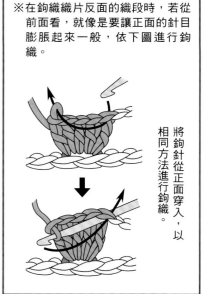

※在鉤織織片反面的織段時，若從前面看，就像是要讓正面的針目膨脹起來一般，依下圖進行鉤織。

將鉤針從正面穿入，以相同方法進行鉤織。

4. 將線掛在鉤針上，再依箭頭方向引拔線材，確實地收緊。

5. 完成5長針的爆米花編。

第5章 各種針法的編織習作

5長針的爆米花編

表引短針

※在鉤織織片反面的織段時，若從正面看，針目要鉤成 ↺ 一般，進行 ↻ 的鉤織（裡引短針見P.90）。

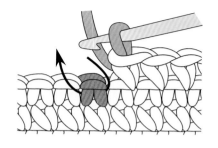

1. 依箭頭方向，像是要挑起前一織段的針腳般，將鉤針從織片靠近自己的這一側穿入。

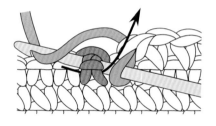

2. 將線掛在鉤針上，再依箭頭方向將線材拉出。

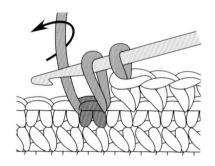

3. 線材拉出圖，接著依箭頭方向，將線掛在鉤針上。

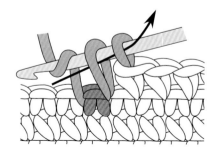

5. 依箭頭方向，引拔全部的線材。

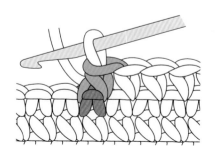

6. 完成表引短針。

裡引短針

※在鉤織織片反面的織段時，若從正面看，針目要鉤成  一般，進行  的鉤織（表引短針見P.89）。

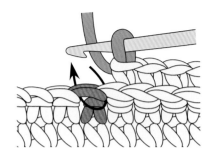

1. 依箭頭方向，像是要挑起前一織段的針腳般，將鉤針從織片的對向側穿入。

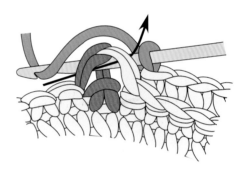

2. 將線掛在鉤針上，再依箭頭方向將線材拉出。

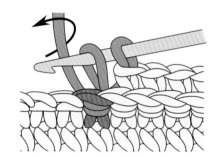

3. 線材拉出圖，接著依箭頭方向，將線掛在鉤針上。

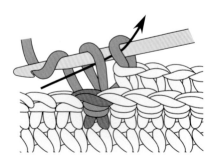

4. 依箭頭方向，引拔全部的線材。

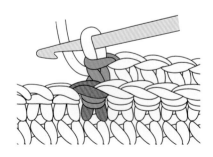

5. 完成裡引短針。

⌐ʃ 表引中長針

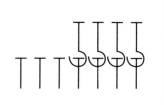

※在鉤織織片反面的織段時，若從正面看，針目要鉤 ⌐ʃ 成
　一般，進行 ʃ 的鉤織（裡引中長針見P.92）。

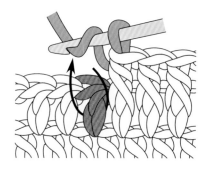

1. 將線掛在鉤針上，再依箭頭方
向，像是要挑起前一織段的針腳
般，將鉤針從織片靠近自己的這
一側穿入。

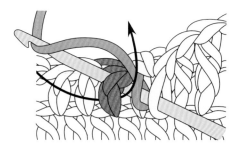

2. 將線掛在鉤針上，再依箭頭方
向將線材拉出。

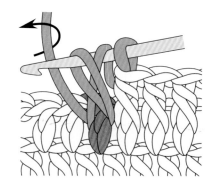

3. 線材拉出圖，接著依箭頭方向，
將線掛在鉤針上。

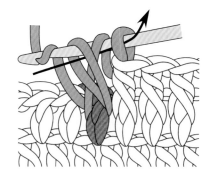

4. 依箭頭方向，引拔全部的線材。

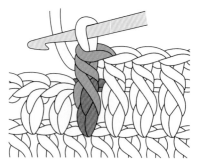

5. 完成表引中長針。

 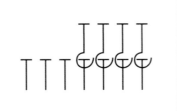

裡引中長針

※在鉤織織片反面的織段時，若從正面看，針目要鉤成 $\downarrow$ 一般，進行 $\uparrow$ 的鉤織（表引中長針見P.91）。

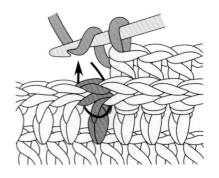

1. 將線掛在鉤針上，再依箭頭方向，像是要挑起前一織段的針腳般，將鉤針穿入。

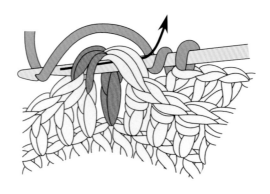

2. 將線掛在鉤針上，再依箭頭方向將線材拉出。。

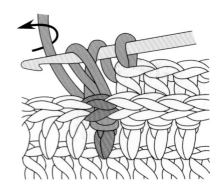

3. 線材拉出圖，接著依箭頭方向，將線掛在鉤針上。

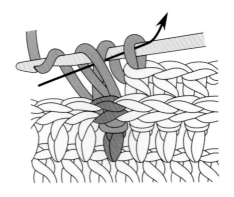

4. 依箭頭方向，引拔全部的線材。

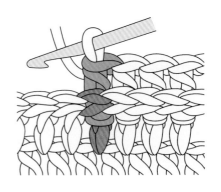

5. 完成裡引中長針。

表引長針

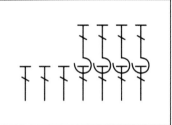

※在鉤織織片反面的織段時，若從正面看，針目要鉤成 ∫ 一般，進行 ∫ 的鉤織（裡引長針見P.94）。

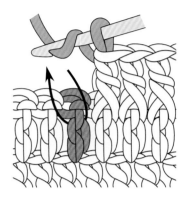

1. 將線掛在鉤針上，再依箭頭方向，像是要挑起前一織段的針腳般，將鉤針從織片靠近自己的這一側穿入。

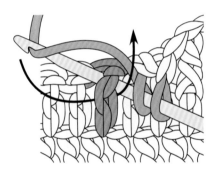

2. 將線掛在鉤針上，再依箭頭方向將線材拉出。

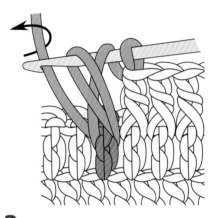

3. 線材拉出圖，接著依箭頭方向，將線掛在鉤針上。

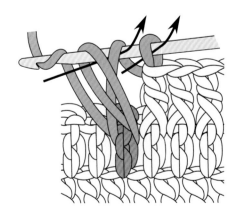

4. 依箭頭方向，分別引拔2條線材。

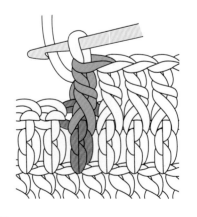

5. 完成表引長針。

 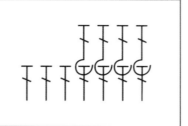

裡引長針

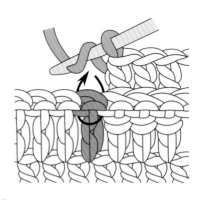

※在鉤織織片反面的織段時，若從正面看，針目要鉤成 ￤ 一般，進行
￤ 的鉤織（表引長針見P.93）。

1. 將線掛在鉤針上，再依箭頭方向，像是要挑起前一織段的針腳般，將鉤針從織片的對向側穿入。

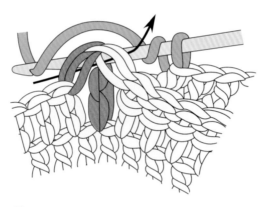

2. 將線掛在鉤針上，再依箭頭方向將線材拉出。

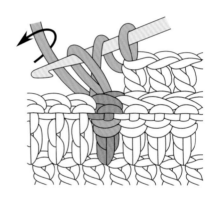

3. 線材拉出圖，接著依箭頭方向，將線掛在鉤針上。

4. 依箭頭方向，分別引拔2條線材。

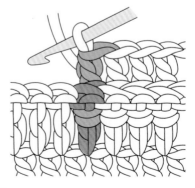

5. 完成裡引長針。

短針環編（ring）

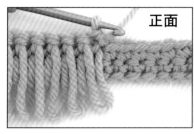

正面

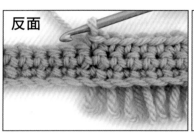

反面

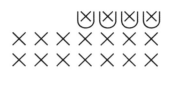

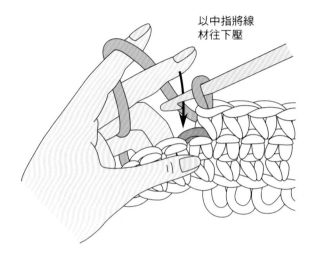

以中指將線材往下壓

1. 利用左手中指，將線材往下壓出線環長度。

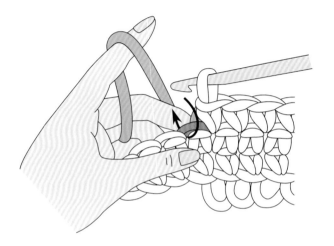

2. 依箭頭方向將鉤針穿入，壓著要作成線環的線材，直接鉤入短針。

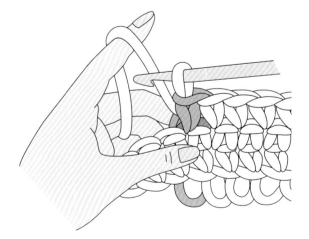

3. 完成短針後，中指移開線環，線環則從織片的對向側露出。

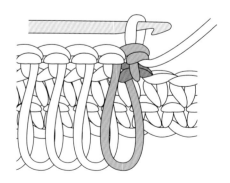

4. 將線環露出的那一面作為織片的正面。

結粒針（picot）

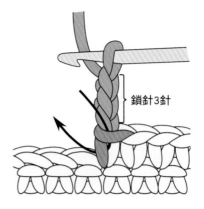

1. 鉤入3針鎖針，再依箭頭方向將鉤針穿入短針針目中。

鎖針3針

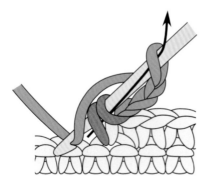

2. 將線掛在鉤針上，再依箭頭方向，引拔全部的線材。

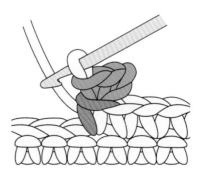

3. 完成結粒針。

樂・鉤織 01

全圖解・完全不敗！
從起針開始學鉤織（熱銷經典版）

授　　權／BOUTIQUE-SHA
譯　　者／黃立萍
發 行 人／詹慶和
執行編輯／陳姿伶
特約編輯／綠耘
編　　輯／蔡毓玲・劉蕙寧・黃璟安
執行美編／韓欣恬・周盈汝
美術編輯／陳麗娜
內頁排版／造極
出 版 者／Elegant-Boutique新手作
發 行 者／悅智文化事業有限公司
郵撥帳號／19452608
戶　　名／悅智文化事業有限公司
地　　址／新北市板橋區板新路206號3樓
網　　址／www.elegantbooks.com.tw
電子郵件／elegant.books@msa.hinet.net
電　　話／(02) 8952-4078
傳　　真／(02) 8952-4084

2012年7月初版一刷　2017年12月二版一刷
2021年2月三版一刷　定價300元

Lady Boutique Series　No.3345
1 KARA HAJIMERU KAGIBARIAMI NO KISO
Copyright © 2011 BOUTIQUE-SHA
All rights reserved.
Original Japanese edition published in Japan by BOUTIQUE-SHA.
Chinese (in complex character) translation rights arranged with BOUTIQUE-SHA
through KEIO CULTURAL ENTERPRISE CO., LTD.

經銷／易可數位行銷股份有限公司
地址／新北市新店區寶橋路235巷6弄3號5樓
電話／(02)8911-0825　傳真／(02)8911-0801

國家圖書館出版品預行編目(CIP)資料

全圖解.完全不敗!：從起針開始學鉤織(熱銷經典版)/BOUTIQUE-SHA授權；黃立萍譯. -- 三版. --
新北市：Elegant-Boutique新手作出版：悅智文化事業有限公司發行, 2021.02
　　面；　公分. -- (樂・鉤織；1)
譯自：1からはじめるかぎ針編みの基礎
ISBN 978-957-9623-65-0(平裝)
1.編織 2.手工藝

426.4　　　　　　　　　　　　110001040

樂・鉤織 01

從起針開始學鉤織
（熱銷經典版）
BOUTIQUE-SHA◎授權
定價300元

樂・鉤織 02

親手鉤我的第一件夏紗背心
BOUTIQUE-SHA◎授權
定價280元

樂・鉤織 03

勾勾手，我們一起學蕾絲鉤織
BOUTIQUE-SHA◎授權
定價280元

樂・鉤織 04

變花樣&玩顏色!親手鉤出
好穿搭的鉤織衫&配飾
BOUTIQUE-SHA◎授權
定價280元

樂・鉤織 05

一眼就愛上的蕾絲花片!
111款女孩最愛的
蕾絲鉤織小物集（暢銷版）
Sachiyo Fukao◎著
定價280元

樂・鉤織 06

初學鉤針編織最強聖典（全新增
訂版）
日本Vogue社◎授權
定價420元

樂・鉤織 07

甜美蕾絲鉤織小物集
日本Vogue社◎授權
定價320元

樂・鉤織 08

好好玩の梭編蕾絲小物
（暢銷版）
盛本知子◎著
定價320元

樂・鉤織 09

Fun手鉤!我的第一隻
小可愛動物毛線偶
陳佩瓔◎著
定價320元

樂・鉤織 10

日雜最愛的甜美系繩編小物
日本Vogue社◎授權
定價300元

樂・鉤織 11

鉤針初學者的
花樣織片拼接聖典（暢銷版）
日本Vogue社◎授權
定價350元

樂・鉤織 12

襪!真簡單 我的第一雙
棒針手織襪
MIKA＊YUKA◎著
定價300元

雅書堂 EB 新手作
雅書堂文化事業有限公司
22070新北市板橋區板新路206號3樓
facebook 粉絲團:搜尋 雅書堂
部落格 http://elegantbooks2010.pixnet.net/blog
TEL:886-2-8952-4078 ・ FAX:886-2-8952-4084

樂・鉤織 13
初學梭編蕾絲的美麗練習帖
（暢銷版）
sumie◎著
定價280元

樂・鉤織 14
媽咪輕鬆鉤！0至24個月的
手織娃娃衣&可愛配件
BOUTIQUE-SHA◎授權
定價300元

樂・鉤織 15
小物控愛鉤織！
可愛の繡線花樣編織
寺西恵里子◎著
定價280元

樂・鉤織 16
開始玩花樣！
鉤針編織進階聖典
針法記號118款&花樣編123款
（暢銷版）
日本Vogue社◎授權
定價350元

樂・鉤織 17
鉤針花樣可愛寶典
日本Vogue社◎著
定價380元

樂・鉤織 18
自然優雅・手織の
麻繩手提袋&肩背包（暢銷版）
朝日新聞出版◎授權
定價350元

樂・鉤織 19
好用又可愛！
簡單開心織的造型波奇包
BOUTIQUE-SHA◎授權
定價350元

樂・鉤織 20
輕盈感花樣織片的純手感鉤織
手織花朵項鍊×斜織披肩×編結
胸針×派對包×針織裙……
Ha-Na◎著
定價320元

樂・鉤織 21
午茶手作・半天完成我的第一
個鉤織包（暢銷版）
鉤針+4球線×33款造型設計提
袋=美好的手作算式
BOUTIQUE-SHA◎授權
定價280元

樂・鉤織 22
基礎×應用・手作超唯美の梭
編蕾絲花樣飾品
BOUTIQUE-SHA◎授權
定價350元

樂・鉤織 23
令人著迷の梭編蕾絲小物設計
sumie◎著
定價320元

樂・鉤織 24
好簡單的棒針&鉤針可愛小童
帽——栗子帽・貓耳帽・尖帽
子……
BOUTIQUE-SHA◎授權
定價350元